U0137622

中国人的艺术物种

金魚

海峡出版发行集团 | 海峡书局
THE STRAITS PUBLISHING & DIBLISHING GROUP

图书在版编目（CIP）数据

　金鱼：中国人的艺术物种 / 萧春雷著. -- 福州：
海峡书局，2017.1
　ISBN 978-7-5567-0259-6

　Ⅰ. ①金… Ⅱ. ①萧… Ⅲ. ①金鱼－文化研究－中国
Ⅳ. ①S965.811

　中国版本图书馆CIP数据核字(2016)第238527号

出 版 人：林　彬
策　　划：曲利明
著　　者：萧春雷
责任编辑：陈　婧　　卢佳颖　　林前汐　　廖飞琴
设　　计：余长春　　李　晔　　黄舒埼　　董玲芝

JĪNYÚ: ZHŌNGGUÓRÉN DE YÌSHÙ WÙZHŎNG
金鱼：中国人的艺术物种

出版发行：海峡出版发行集团 海峡书局
地　　址：福州市鼓楼区五一北路110号
邮　　编：350001
印　　刷：深圳市泰和精品印刷有限公司
开　　本：889毫米×1194 毫米　　1/16
印　　张：14
图　　文：224码
版　　次：2017年1月第1版
印　　次：2017年1月第1次印刷
书　　号：978-7-5567-0259-6
定　　价：78.00元

版权所有，翻印必究

目录
Contents

全世界的金鱼都源自中国。从宋朝开始，鲫鱼的偶然突变个体——金鲫鱼——被人捕获，
中国人就开始了一项伟大工程：造物。

本书全面介绍了金鱼的基本知识，包括家化史、遗传变异和分类系统；

还从全新的角度——金鱼作为雕塑基因的物种艺术——重新解读金鱼文化，描述"造物三原则"
如何影响历代养鱼人，让金鱼最终演变为一个中国物种的历程。

第一章

蝶与寿

福寿是中国传统金鱼里的异数，气势雄浑，具有强烈的视觉冲击力。看着一尾强壮而矫健的福寿从容不迫地在水中游动，你再也不会认为，金鱼就该是文弱娇贵的小鱼了。

◎ 金鱼新都的诞生

蝶尾龙晴是非常美丽的金鱼，双眼凸起，腰身紧致，尾鳍宽大——尾部的亲骨从两侧反转到身前，宛如双手高提裙裾的女子，把裙幅舒展为一对绚烂的蝶翅，翩然游舞。蝶尾金鱼是江苏扬州的传统品种，如皋县至今是其著名产地。只有很少人知道，二三十年前，中国最好的蝶尾出自福州，并以熊猫蝶尾蜚声海外。

汪聿钢是将蝶尾引进福州的第一人。他记得很清楚，1978年10月，一位武汉的鱼友带来扬州蝶尾的情景。"他挎个包，用塑料袋装着6条小鱼，黑色的，每条四五厘米长，瘦瘦细细，合格的只有一条。"他回忆说，"当时带这几条鱼很不容易，坐火车几十个小时，一路换水，难为他了。他是武汉一个服装厂的业务员，全国到处跑，痴鱼。我送给他五花珍珠和望天，他答应给我弄来扬州蝶尾，算还人情。第二年我就繁殖了100多条蝶尾，第三年更多，谁要就给谁，还与外地动物园交流。福州的蝶尾都是我们鱼池流出去的。"

汪聿钢年近八十，身体健朗，与老伴住在福州儿童公园附近的一套公寓里。20世纪80年代的多层建筑已经老旧衰败，路灯昏黄。客厅里挂着汪夫人的画作，油画、水粉，主题都是金鱼。小餐厅边上放着一个方形玻璃鱼缸，没有水，显得凄凉。

即使是福州，像陈镇平和我这样夜里10点钟拜访人家还是不大寻常。但陈镇平与汪老很熟，一进门就说最怀念师母做的汤圆。两位老人找了一下冰箱，满脸歉意。我们就着一杯茶和一大盘水果闲谈。我想了解三四十年前福州金鱼的往事，身为当年福州市动物园金鱼场的负责人，汪老是一座富矿。

福州很早就开始养殖金鱼，但是与苏杭、京津等地相比，默默无闻。福州养殖金鱼的最早记录来自明万历《福州府志》（1613）"食货志"，十分简略："金鲫，能变幻，可蓄盆中，俗呼为'盆鱼'。"

　　读清人蒋在雕的《朱鱼谱》，我意外发现，书中提到了福州的金鱼品种"雪里拖枪"："通身俱白，独在半背上起红如线至尾梢为是，若尾上鳞间有一搭红如缨者，更贵。丙子年（1696），有福建客人带来一尾如此式者。若无红缨，独此线一条直至首尾者，谓之一弹红，亦出晋安，有人带来。"谈到龙睛的审美，作者认为要大、红而突出，并把一种名叫"宕眼"的福建品种评为第一："又有一种又大又眲又红，如两角直宕于口边，楚楚可爱，此乃福建之种，名宕眼，如悬于外者，故名第一。"最后，作者自述养金鱼三十余年的两次奇遇。一次是 1666 年得娄东友人送的 4 条七鳍红（十二红）和 4 条落花，另一次是 1681 年"又得建客异种一，嘴眼身条以及鳞管尾鳍，种之妙，所以生育鲜洁，爱之重之，亦不轻弃"——应该就是"宕眼"。

福州市海洋与渔业技术中心主任杨小强正准备撰写福州金鱼史，那天，我把这几处史料翻给他看。"我原来还没注意到，"他马上意识到重要性，"宕眼就是龙睛。这说明清康熙年间，福州养殖金鱼已经达到很高的水平，已经成为金鱼品种的输出地。"

晚清福州养殖金鱼的记录，在郭柏苍的《闽产录异》中有较详细的记载。他说福州称金鱼为盆鱼，福州南台银湘浦的养殖户有数十家，主要品种："其种以'卵鱼（蛋鱼）'为第一；'四尾''平目'，身圆如卵。次则'鼓鱼'，身如鼓；有'龙目''平目'二种。'歧尾'鲦鲦然。有'鳍凤'，背有鳍，尾长于身者二倍，尾如细丝，好浮水面；无鳍而平目者为'平凤'；龙目者为'龙目凤'。'平凤''龙目''凤尾'与'鳍凤'同'四尾平目'者，为'平鱼'。'四尾龙目'者为'龙鱼'。又有朝天鼓，仰浮水面，似死非死，亦奇特也。"

解放后，福州的金鱼品种主要来自两个系统：一是金鱼世家邹鼎先生的捐献，包括狮子头、水泡眼、珍珠鳞、望天球、凤尾黑龙睛、鹤顶红、五彩鹅冠等较名贵的品种；二是银湘浦的民间金鱼养殖场，多为常见的传统品种。"文化大革命"期间，福州动物园金鱼场成为全市唯一一家养殖金鱼的事业单位，在西湖公园内，节假日办些金鱼展览。汪聿钢从小就是金鱼迷，因肺结核病从福州一中休学后，在白蚁防治公司工作，觉得了无趣味，想方设法调去动物园养殖金鱼。1972年，这事居然办成了。

汪聿钢上任不久，就终结了福州动物园用禽蛋和面粉蒸熟作为金鱼饵料的传统，改用天然饵料——水蚯蚓（俗称沟虫、河虫、红虫）。他找到一位退休的放排工人刘金梅，专门捕捞水蚯蚓，每天为金鱼提供新鲜活饵。水蚯蚓实际上是养殖金鱼的传统饵料，但是当时各地动物园养殖金鱼，都因地制宜，改用了更方便的配制饲料，这些饲料五花八门。例如北京、上海、杭州的金鱼池，用的是蚕蛹干、猪血粉和面粉，广州花木公司用的是大米饭。

"我们是全国最早用水蚯蚓养殖金鱼的。"说话一贯低调的汪聿钢，说到这里十分自豪，"其他地方有用水蚤，但那是季节性的，只有春天才有，北方会晒干用，质量就差了；水蚯蚓更大，福州全年都有。白马河一落潮，每天红彤彤的一大片，量很足。福州金鱼养得更大、表现更好，跟我们的饵料很有关系。"

　　在金鱼品种上，汪聿钢还通过关系搜罗各地名种，亲自培育出五花望天球和绒球珍珠两个新种。陈镇平说："你不要把汪老师看成一个领导，他亲自养鱼，水平很高的。他教了我很多东西，退休后还到我的公司传授技术。我再把福州的某些养殖技术向东莞的业者推广。东莞是中国金鱼的主产地之一，原来有自己独特的养殖手法，后来也受了福州的影响。汪老师还是最早把中国金鱼送到香港、新加坡展销的人之一。"

　　但是回过头来，从福州金鱼的角度看，我觉得汪聿钢做的两件事影响最为深远，一是为福州引进了扬州蝶尾，二是为金鱼场引进了叶其昌这个奇才。我把话题继续引到蝶尾的故事上。

　　"这要归功于当时的体制。"汪老说，"我们是事业单位，没有赢利压力，不考虑成本，培育金鱼可以千里挑一、万里挑一，很严格，所以鱼养得好。后来广州、上海都来要蝶尾。最有意思的是扬州人，他们不相信，说这不像我们的鱼。因为福州的蝶尾更大，更漂亮。挑选更严嘛。挑选很关键，鱼一生就是一大窝，什么都有，黑的、白的、花的、残次的，都要挑掉。福州一般是一星期后就开始选鱼，一次次选。我们养的是黑蝶尾，就把白的、花的都丢掉。那时陈镇平常来我们鱼场，看我们干活。他瘦瘦的，年纪小，我们都叫他'香港仔'。有一天，他看我要丢掉一尾黑白蝶尾，对我说，留着吧，说不准更好。我说好，香港仔，听你的。后来就培育出了黑白蝶尾，还有五花蝶尾。鱼是这样的，有了五花之后，你就什么色彩都有了，所以后来还有紫蝶尾、紫兰蝶尾什么的。熊猫蝶尾就是黑白蝶尾，取这名字是因为当时中国送了熊猫给日本，国际上形成熊猫热。后来镇平把黑白蝶尾运到香港、日本，大受欢迎，福州金鱼在海外打开了知名度。"

陈镇平脸上挂着微笑，静静听着，无比惋惜地回忆说："那时我在香港卖鱼，内地来的金鱼都很瘦，福州的例外。福州的蝶尾尾巴很大，一群鱼游动，像一大群蝴蝶在水里飘舞，真是漂亮，比扬州蝶尾高出了不止一个档次。20世纪90年代福州的鱼池多数都在养蝶尾，很多人挣了钱，十多年后供过于求，价格下来，大家又一窝蜂转去养兰寿，才让如皋县捡了个大便宜。"

"蝶尾不是扬州名产吗？如皋蝶尾与福州有什么关系？"我很诧异。

"如皋的蝶尾不是扬州传统蝶尾，而是继承了福州蝶尾。"陈镇平解释说，"福州人养鱼有个毛病，围着市场转。市场好，做的鱼非常好；市场不行，马上转向，所以后期的蝶尾疏于照料，退化很严重。福州人养兰寿去了，如皋人就来接盘，盘走了福州人经营十几年的蝶尾，捡了个现成的大便宜。我觉得很可惜啦，辛辛苦苦打开的蝶尾市场，就这样拱手让人。如皋人养蝶尾十几年，做了很多宣传，但我觉得，他们最好的蝶尾还不如福州鼎盛时期的蝶尾。但这几年他们也做得不错，做出了十二红。福州当时偶尔才出十二红，但如皋人把十二红稳定下来了，有了自己的品牌。"

说如皋蝶尾继承了福州蝶尾，这个观点很独特，我尚未见到类似意见。我想陈镇平作为把福州蝶尾推向日本市场的主要推手，熟悉养殖业界动态，所言应该有所依据。这段往事，对于弄清蝶尾这个品系的源流和传承十分重要。

汪老很健谈，无所顾忌。有一个话题我犹豫了很久，决定忍住，没有当场询问。回宾馆的路上，我才向陈镇平提起："熊猫蝶尾到底是谁培育的？我知道好几人自认为或被认为是最先培育者，包括王爱民、林学明、叶其昌、汪聿钢等人。你了解当时的情况吗？"

这个问题很唐突。深夜，六一路街头回响着我们空洞的脚步。陈镇平点燃一支烟，沉默了一会儿，说："汪老师是我的恩师，叶老师他们是我的好兄弟，我不大好说。这样吧，打个比方，我们公司养的一条金鱼创造了吉尼斯世界纪录，这方案是我策划的，这条鱼养了两三年，先后几个人喂养，倒是我这个老板很少亲自去喂养。到底是谁创造了吉尼斯纪录？喂养的工人这么说没错，我说是我也没错，是吧？这事你可以自己判断。"

好个陈镇平，不想趟这浑水，给我打了一个哑谜。我想回头再讨论这事吧。

陈镇平说如皋蝶尾继承了福州蝶尾，这个观点很独特，但是如皋人另有看法。

我向如皋县蝶舞金鱼养殖场的周建如先生请教。周建如出生于1963年，养殖金鱼34年，他告诉我："蝶尾一向是如皋的特产，我们这边说是明末清初的冒辟疆传下来的。我刚开始养鱼的时候，20世纪80年代吧，就养了五花、红、红白、黑和黑白蝶尾。"

我知道如皋历史上属于扬州府，所谓扬州蝶尾，其实就是如皋蝶尾。但是他说 20 世纪 80 年代就在养黑白蝶尾，我有点惊讶。本以为福州的黑白蝶尾肯定是独立培育出来的，原来，如皋当时也有黑白蝶尾了。

他说："这不奇怪。我们早就有三色蝶尾，从三色里就会出黑白、红白和三色。不过当时黑白蝶尾很少。"

"你们的黑白蝶尾与福州有关系吗？"

"没关系。福州蝶尾有名，是因为政府扶持，养殖规模大，宣传多。如皋一直都在养蝶尾，但面积小，我当时只有 70 多平方米的水面，不能比。2000 年以后政府开始扶持金鱼，如皋蝶尾才有了名气。"

"你有听说谁到福州接盘或引种蝶尾吗？"

"没听说。也不可能啊。"他笑道，"到福州拿兰寿、琉金还可能，拿蝶尾不可能，当然串秧也可以。福州的蝶尾在我们看来不大好，身体大，眼睛就小了，不像龙睛；尾巴又软，下垂，也不大像蝴蝶。我们的尾巴硬，可以反转打到眼睛，才像蝴蝶。"

如皋人对自己的蝶尾十分自信。但是我想，福州蝶尾好不好，是见仁见智的事；毋庸置疑的是，福州养殖业者最早把蝶尾成功地推向海外市场，成为中国金鱼的代表。如皋人至少要感谢他们的拓疆之功。

叶其昌是福州金鱼崛起的重要人物。他出生于1953年，今年已有63岁，脸色红润，看上去依然是四五十岁的样子。到温泉公园附近的他家采访，我原以为会是一幢别墅，或楼中楼，然而只是普通高层建筑里的一套公寓。阳台不大，但客厅相当宽敞，没有几十个养鱼的瓦盆，唯有一个体量较大的水族箱，七八条金鱼悠然往来，红狮、黑狮、花狮和五花蝶尾。

"这是东海水族公司送的。"他说。自从2010年新店鱼场拆除后，这位金鱼奇才真的金盆洗手，离开了忙碌一生的养殖事业。他如今更经常以嘉宾和评委的身份，出席国内外的金鱼展览和比赛。

"房子很大，这地段很贵吧。"我问道。

"共150多平方米。一部分面积是安置房，花钱买了80平方米，26.8万，加上装修13万，我一共花了40万元。还好买得早。现在这房子我也买不起。"

"看来养金鱼没有让你挣到大钱啊。"

"李永杰就说我不会做生意，只会做朋友。以我的机会，换个人早发财了。"

叶其昌从小出生于中山路附近的一个大院内，六个兄弟姐妹，父亲毕业于法政大学，在国民政府任过职，解放后失业，母亲在一家食杂店工作。穷人的孩子早当家。1966年，13岁的叶其昌和哥哥养金鱼就很有名气了。他们去银湘浦买来小金鱼，每天清早捞水蚤，院子里一溜摆开30多个大陶缸，3口水泥池，再将金鱼私下出售，改善家里的经济。他们养殖的品种，是所谓的福州"老五样"——高头、珍珠、水泡、虎头和龙睛。"文化大革命"开始后，来了一群红卫兵，砸破了院子里的一口缸，看金鱼满地挣扎，连红卫兵也于心不忍，训斥一通就走了。1970年前后，西湖公园恢复正常开放，缺乏鱼种，从叶家买走了2900多元的金鱼。1971年，叶其昌前往闽西北建宁县客坊公社下乡插队。1974年因母亲退休补员回榕，一边在糖烟酒商店站柜台，一边仍在家中养金鱼。1985年2月，园林局花木公司副经理汪聿钢通过种种关系，说服了福州市的2个副市长，把叶其昌作为特殊人才引进花木公司鱼场，专业养殖金鱼。

叶其昌开始在西湖公园官家村养殖金鱼，不久园林系统试行承包制改革，他先后承包了官家村鱼场（1988~1990年）和新店鱼场（1990~2010年）。两个鱼场虽然很小——官家村鱼场只有900多平方米，新店鱼场从1452平方米扩建到3670平方米，却先后培育出黑白蝶尾、福州兰寿等著名品种，是福州金鱼崛起的摇篮。

"黑白蝶尾是怎么回事？是你最先培育出来的吗？"我问。

"很多人问过我这问题，我的回答都是，这鱼不能说是哪个人培育出来的。这是色彩的自然变异，到时就会发生。"叶其昌说，"老汪引进的是全黑的龙睛蝶尾。1987 年，我的鱼池里就出现了少量的黑白变异，眼睛、鳍部和尾巴是黑色的，身上雪白，黑白分明，像极了大熊猫。我挑了 20 多条最好的黑白蝶尾作为亲鱼配对，产下的后代超过 20% 都是黑白蝶尾，十分漂亮，色彩基本稳定下来了。我记得很清楚，1989 年正月初三，凌晨四五点就有人来鱼场敲门，原来是常来买鱼的港商陈国强、陈国富兄弟，他们看到了刚培育不久的黑白蝶尾，好说歹说要买，还让我随意开价。我壮着胆子喊'一对250 元'，他们二话不说就买下了，后来听说他们卖到日本，赚了几万港币。大家都说，你怎么卖那么低的价格？我告诉你，当时我们月工资只有 30 多元，250 元已经是天价了，我还很不好意思开口。我就这性格。1989 年元宵节，我把鱼送去漳州比赛，获了金奖，这是熊猫蝶尾第一次亮相。有人说他更早培育出来了，也有可能，但要拿出比这个奖牌更早的证据，不然争这个没什么意思。"

仔细观看，叶家的客厅里还是有点金鱼大师的气氛，除了大水族箱，墙上挂着几幅金鱼画，橱柜上摆着一大排奖杯

和奖牌，包括在日本、新加坡的金鱼赛事。一份由国家人力资源和社会保障部颁发的职业资格证书，认可工人出身的叶其昌为"水生动物（金鱼）饲养一级／高级技师"职称；为表彰他在培育金鱼方面的贡献，中国渔业协会 2010 年还授予叶其昌"中国水族成就奖"。他养的金鱼，拿奖是家常便饭。这个第一次出现"熊猫蝶尾"名词的获奖证书很平常，上面写道：

叶其昌同志：

　　您荣获第二届福建省花卉盆景博览会熊猫蝶尾金鱼一等奖，特此证明。

第二届福建省花卉盆景博览会
一九八九年元宵节

　　他感叹说："那时的黑白蝶尾很像熊猫，吻端和眼眶是黑的，所以大家称它熊猫蝶尾。现在很多鱼的黑白纹分布不像熊猫，比如眼眶没有黑斑，就应该叫黑白蝶尾，上海人称之为喜鹊花，还有不少其实是蓝白蝶尾。现在很难看到当年那么好的熊猫蝶尾了。"

我发现，叶其昌的说法与汪聿钢的观点非常相似。回到厦门后，与汪老在微信中联系——汪老少年心态，玩起微信来比我还溜，我觉得很投缘，终于没有忍住，直截了当向他请教熊猫蝶尾（汪老坚称"黑白蝶"）的事。他的回答十分谦逊："叶其昌接触蝶尾最早，并且在有见证人（陈镇平）在场的情况下首次发现并将有白斑的蝶尾留下来，并逐年提纯，终成黑白新品系。

"当时黑蝶已经大面积铺开，福州黑蝶不仅福州处处有，外地求者也络绎不绝。可能差不多同时某些鱼场，特别是福州地区鱼场会出现白斑黑蝶。现在总喜欢说某某某是什么什么的第一人，其实有时候是资讯所限，有些则是历史的偶然……我向来嗤之以鼻。

"熊猫蝶尾之称，那是当时熊猫国宝名噪一时，有人欲借光熊猫，把黑白蝶尾冠以熊猫金鱼或金鱼中之熊猫（也确是色有相似处）。这纯为商业炒作。我尚未有此商业敏感，

还称黑白蝶，所以熊猫蝶尾名称推到市面的事与我扯不上。但最终展会上成功的熊猫（黑白）蝶尾是出自其昌之手。

"在黑白蝶鼎盛期与之前，就还有花蝶尾、红白尾、紫蝶等也日臻完美，但缺商业炒作，默默无闻。其昌那紫蓝蝶也堪称极致。"

按照汪老的说法，黑白（熊猫）蝶尾的来龙去脉是这样的：1978 年 10 月汪聿钢引进扬州黑蝶尾，经过十年的定向选育，福州终于培育出黑白、红白、紫、紫蓝、五花等新种，蝶尾龙睛华丽变身，风靡海内外。由于资料缺失，如今讨论谁最先培育出黑白蝶尾非常困难，实际上也没多大意义——反正这个鱼场今年没发现，也会有其他鱼场明年发现。但在展会上大放光彩的熊猫蝶尾，的确是叶其昌培育出来的。

熊猫蝶尾是最早一款享誉日本的中国金鱼，它的成功，奠定了福州金鱼发展的基本方向：面向海外市场，精细养殖，走高端路线。幸运的是，当熊猫蝶尾从市场的高峰坠落时，叶其昌培育出的另一款金鱼——兰寿，给福州金鱼养殖业又带来十几年的繁荣。

日本的金鱼得自中国，经过数百年的培育，出现了兰寿、土佐金、江户锦、琉金、地金、南京等品种，风格独特，占据了世界金鱼的高端市场。其中，兰寿被日本人称之为"金鱼之王"，拥趸最多。有人说，兰寿是中国金鱼里的虎头（福州称"寿星"）演变的。无论如何，日本兰寿与中国虎头已经差异很大，身价更是天差地别。

　　香港陈镇平很想把兰寿引进国内繁殖，最看好的点是福州。1984 年他带了两只兰寿种鱼给西湖鱼场，没有繁殖成功。那时，叶其昌还在糖烟酒公司上班，未参与其事。

　　"1987 年，东海公司给了我们一批日本兰寿，有十几只，颜色是红色、红白色和白色三种，条件是生下的小鱼都卖给他们。"叶其昌回忆说，"陈镇平告诉我，日本人说，兰寿离开他们的国家，不会繁殖弟二代，你要不要试试看？我就不信这个邪。1988 年，我就繁殖出来了一批，6 平方米的池子里，不少于 2 万只鱼苗，我觉得日本人故弄玄虚。那两只亲鱼，公鱼是红色的，母鱼身体雪白，只有胸鳍、腹鳍和臀鳍上有点红色，都是两岁鱼。你不得不佩服，日本鱼的品质非常好，出苗之后，几乎没有损耗，每一条都像瓜

子一样，没有背鳍，整整齐齐的，挑选率很高。头年的品相并不好，头上光溜溜的，第二年才长头肉，最好看是第三年。现在全乱了，为了头瘤发得好，有人把兰寿与狮头杂交，品质降低了。国内最早引种孵化日本兰寿，是我在1988年完成的。后来的福州兰寿，有很多是从我的鱼场引种去的。"

日本人养金鱼，注重专精，往往数代人守着一个品种，雕琢得完美无瑕；中国人总想开拓金鱼的更多可能性，求新求变；这是两国金鱼文化的重大差异。兰寿在日本，向来只有红白两色，叶其昌不满意，希望做出花色来。两三年后，东海公司又给了他一些日本江户锦小鱼，也是蛋种鱼，花色的，他用来与原来那批日本兰寿杂交。1992年，他就杂交出了五花兰寿、黑兰寿等品种。

金鱼的养殖与气候、水土密切相关，更与养殖者的养殖手法和审美文化有关。20世纪90年代叶其昌培育出来的那些兰寿，头瘤发达、体型雄浑、尾柄粗实、色彩鲜艳、游姿威武，风格已经与日寿明显不同，被称为"福寿"或"国寿"。二者的最大差别是，日寿注重俯视效果，强调厚实的背宽，适合盆养；福寿不但重视俯视，还重视侧视效果，强调高背浑圆，放在玻璃水族箱里特别震撼。叶其昌新店鱼场的兰寿，绝大部分由香港东海公司远销日本、新加坡、马来西亚和泰国，受到市场的欢迎，连最挑剔的日本人都接受了福州花寿。

近十年来，因为过度杂交，福寿品系紊乱，品质下降。

许多评论者认为，当年叶其昌、李永杰等人养殖的"老版福寿"，至今仍是"国寿"难以企及的标杆。

20世纪80年代，在民间，福州只有零星一些家庭户养殖金鱼。90年代初，开始出现初具规模（有效水面5亩以上）的金鱼养殖场。毫无疑问，具有国营背景、被叶其昌承包的官家村和新店鱼场，成为福州金鱼的传统品种保育中心和新品种培育中心，大小金鱼场都来这里引种。叶其昌鱼养得好，做人也好，不藏私，种鱼只卖几元钱一条。那时，人们不大看好兰寿，只有李永杰看清了福州兰寿的巨大商机。

"李永杰最聪明。他说我应该自己把鱼卖到国外，就会挣大钱。"叶其昌苦笑说，"他说的也对，但我就不会这么做。他称自己有赌性，有一回他说，他敢整个鱼场全养兰寿，问我敢不敢？我说我不敢。他真的这样做了，并且只养红白兰寿。他用鳗鱼的饲料喂鱼，鱼养得又大又胖，日本人很喜欢。福州大养兰寿，就是看到李永杰挣到了钱跟风的。"

福州金鱼产业化养殖的旗舰人物，公推李永杰。他1962年出生于鼓山脚下，初中毕业，与金鱼结缘，是因为替鱼场供应饲料。他发现卖饲料不如养鱼，于是1991年改养金鱼，租了鼓山镇后浦村一块800平方米的地，砌了80口水泥池。

他的事业不断扩大，1994 年在步兴村又建了一个 2500 平方米的鱼场，1996 年在邹坑村建了 5000 平方米的鱼场，1998 年到福清市龙田镇转让来一个 50 亩的鱼场——最高峰的时候他有 4 个金鱼养殖场。不幸的是，由于城市建设的扩张，这些郊区养殖场被迫逐一关闭、拆迁。他现在只剩下一个位于闽侯县南通镇洲头村的养殖场，面积约 50 多亩，2002 年迁来，现在马上又面临拆迁了。

"鱼场今年就要搬走，这里要上一个房地产项目。我到处找地方，福州市五区八县的渔业局领导也在帮我找地方，很不容易。农保地不能碰，低洼地不能用，还要有好的水源，现在想开发一个百亩以上的鱼场比登天还难。作为福州金鱼龙头企业，面积要达标，至少需要 50 亩以上的水面，很难找。像叶其昌老师的新店鱼场，说关就关了，多可惜。我现在心里还没底。"他的口气里，担忧之余，隐隐透露出一种自豪。他曾任福州市金鱼协会会长，他的养殖场是福州市打造金鱼之都的样板，不会随便就倒的。

李永杰精明强干，口才也很好，叙述自己养金鱼的经历相当生动。他说："1992 年我的师傅王良宏给了我一窝兰寿，就是一公一母和鱼卵，我当年挑了 20 对（40 条）作为种鱼，每对可产子一万多，可选种鱼 300 条。到 1994 年就 6000 条了。每条种鱼平均卖 1300 元，那时候的确赚了钱。我一开始就做红白兰寿，打出'永杰福寿'品牌，几乎垄断了福州市场，想买好鱼的都找我，要请我吃饭，完全是卖方市场。其他人有没有红白兰寿？当然有，但和我不是一个档次，卖不到这个价格。为什么呢？道理很简单，他们不舍得扔，我舍得扔。"

这算什么奥秘？我一时理解不过来。

"鱼跟人一样，一定有缺陷，挑选最重要。挑选得严，一万条里就只有 10 条 8 条；标准一松，就有 100 条 200 条。我把有问题的鱼扔光，一口池只养 50 只兰寿，密度低，水质好；另一家舍不得扔，一口池养 500 只兰寿；一个月后鱼的健康和花色就差很多。你每条卖 5 元钱，我每条卖 500 元钱，数量有什么用？这道理谁都明白，但真的让你扔，你又舍不得，觉得扔掉的都是钱。人往往很贪心。我的经验是挑鱼时狠心扔，一犹豫就要扔。"

在福州的 60 多家鱼场里，李永杰的鱼场不算特别大，但他专注，只养兰寿，只做出口生意。事实上，面向海外市场，是福州金鱼养殖业的一大特色。"我的红白寿，国内不懂得玩，只有外国人玩得动。卖给国内 1000 元 1 条，他们说我神经病；卖给外国人，他们对我说谢谢。1997 年以前，福州的兰寿都是出口的，在国内没影响，北京人要，都是从香港拿回来。所以福州的金鱼起点高，一开始就是国际标准。"

我有个疑惑："你创了一个品牌，不怕别人买了你的鱼去配种吗？"

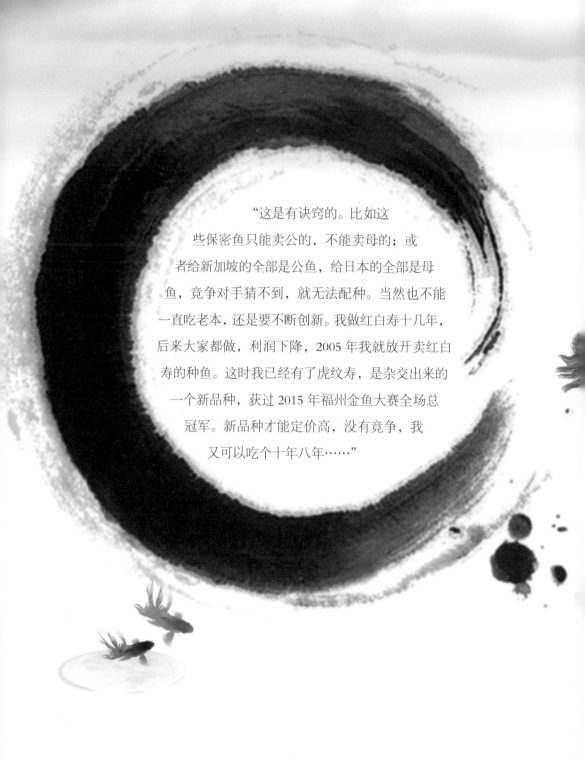

"这是有诀窍的。比如这些保密鱼只能卖公的，不能卖母的；或者给新加坡的全部是公鱼，给日本的全部是母鱼，竞争对手猜不到，就无法配种。当然也不能一直吃老本，还是要不断创新。我做红白寿十几年，后来大家都做，利润下降，2005年我就放开卖红白寿的种鱼。这时我已经有了虎纹寿，是杂交出来的一个新品种，获过2015年福州金鱼大赛全场总冠军。新品种才能定价高，没有竞争，我又可以吃个十年八年……"

陈镇平曾经对我评论说："永杰有个功劳，他改变了福州金鱼养殖的手法，最早搞宽养，一口池子只养 20~50 条金鱼，养出了大规格的金鱼。其实这就是香港养金鱼的做法。我一直跟福州人讲，没人听，但永杰做到了。后来福州业者都跟着学，才成为精品金鱼的基地。他带动了福州金鱼的规模化养殖。"

出口导向的福州金鱼，在 1998 年遭遇到一次重大危机。那年，英国海关在进口的金鱼和锦鲤身上检出 SVC 病毒（鲤春病毒），宣布冻结从中国进口观赏鱼，随后法国、比利时、日本、新加坡、以色列等国纷纷效仿，导致中国养殖的金鱼、锦鲤出口全面停止。福州有不少鱼场倒闭，还有些被迫转向国内市场。好在李永杰颇有积蓄，提高工资稳住工人，熬到年底出口解禁。这场危机让许多福州养殖业者如张文春、潘国诚等人，开始经营国内市场，把金鱼销往上海、北京等城市。福寿大举北上，其庞大的体量和高昂的价格，让国内传统金鱼玩家瞠目结舌：中国怎么还有这样的金鱼？

因为气候优越，福州当年的兰寿就可以养殖到 15 厘米以上，与北京两三龄的金鱼相当，所以身材特别丰腴壮硕；福寿源自日寿，体型健美，虽然杂有国产寿星（虎头）的血统，头瘤发达，但终是为满足海外顾客审美要求而培育出来的，一望而知是混血儿，充满异国情调。总之，福寿是中国传统金鱼里的异数，气势雄浑，具有强烈的视觉冲击力。看着一尾强壮而矫健的福寿从容不迫地在水中游动，你再也不会认为，金鱼就该是文弱娇贵的小鱼了。

叶其昌的新店鱼场，坚持到 2010 年关闭，最后两年，他做的更多的是宣传工作，把福州金鱼推向了全国舞台。

2009 年，他从鱼场拿了 17 条金鱼参加第 7 届中国花卉博览会，创下 2 金 4 银 1 铜的佳绩。那两尾夺金的兰寿，花寿 500 克，黑寿 600 克，以奇异的造型和壮硕的体格秒杀全场。这是福州金鱼首次在国家级赛事中荣获金奖，媒体纷纷报道。2010 年 7 月 8 日晚，中央电视台科教频道 CCTV10 "走进科学"

栏目播出《水下淘金》专题片，讲述叶其昌培育金鱼的故事，制作精良，展现了福州金鱼养殖的成就，引起国内金鱼界的震动。这个纪录片，成了硕果累累的新店鱼场的最后影像。

福州金鱼是典型的墙内开花墙外香，先域外称雄，再北上争霸。最后奠定福州金鱼地位的是两次全国大赛。2010 年 9 月，福州金鱼协会组团去北京参加第 4 届全国金鱼·锦鲤大赛，包揽了全场总冠军、总亚军、总季军，并分获 10 个单项组的 5 项冠军和最具人气奖。2011 年参加第 5 届全国金鱼·锦鲤大赛，来自福州的琉金和兰寿再次包揽了金鱼组全场总冠军、总亚军和总季军。从此，再也没人忽视福州金鱼了。2013 年，中国渔业协会正式命名福州市为"中国金鱼之都"。

福州气候温暖，饵料丰富，鱼类的生长期长；福州文化深厚，有养殖金鱼的传统；福州人有商业性格，对市场敏感；福州地处边陲，与海外联系密切……这些因素都有利于福州金鱼产业的发展。福州人能养好几乎所有的金鱼，中国传统品种如高头、珍珠、水泡、寿星、狮头、绒球、龙睛都曾经饮誉业界，当然以蝶尾的创新最为耀眼；而从日本引进的琉金、兰寿、地金等品种，也能推陈出新，迅速本土化，变成创新的宝贵资源。

福州金鱼的崛起，深刻改变了中国传统金鱼的面貌。首先，一个源自日本的新种——福寿——风靡全国，带来了一种崭新的风格；其次，高昂的市价和众多的奖牌，将福寿推上金鱼之巅，改写了中国金鱼体系；再次，福寿确立了一种观赏金鱼的新角度——侧视，引起美学方面的重大变革；最后，养殖的产业化，证明可以养出最好的金鱼——但是谁也不知道，这对于金鱼文化是提升还是破坏？

要详细解读其意义，我们得从金鱼是什么开始说起。

第二章

造物

金鱼

金鱼身上所有独特的性状，几乎都来自基因的偶然变异，被养鱼人识别出来，然后定向选育，变成一个性状稳定的品种。

你甚至可以说，金鱼是经过历代中国人选育、整形、雕琢出来的一个人工物种。

陈桢和金鱼家化史

金鱼的祖先是哪种鱼？我随口问过好几位朋友，没有一个能够回答。鲤鱼？草鱼？鳜鱼？罗非鱼？多数人干脆两手一摊，坦承无知。如果仅从外表观察，我们很难把那些造型夸张、色彩鲜艳的时尚金鱼，与河塘里灰头土脸的鲫鱼联想在一起。从某种程度说，金鱼成功地摆脱了卑微的出身，锦衣玉食，进化为一个华丽的新种。

金鱼即鲫鱼，学名为 *Carassius auratus* ，是由 18 世纪著名生物分类学家林奈命名的。事实上，林奈亲手所绘的鲫鱼模式标本图，就是一条三尾金鱼。欧洲没有野生鲫鱼，也难怪林奈把鲫鱼的变种——金鱼——当成了鲫鱼。在动物分类学上，金鱼与鲫鱼共用同一个种名，属于脊椎动物门、有头亚门、鱼纲、真口亚纲、鲤形目、鲤亚目、鲤科、鲤亚科、鲫属、鲫种。

世界上的野生鲫鱼分布于中国、日本和越南等少数国家。中国的鲫鱼属有 2 个种和 1 个亚种：黑鲫鱼、鲫鱼和银鲫。

其中黑鲫鱼分布于新疆额尔齐斯河；银鲫分布于黑龙江、额尔齐斯河；普通鲫鱼分布于全国各地，是金鱼的真正祖先。日本也有5个鲫亚种，但是根据日本科学家所做的生物学研究，它们与金鱼没有关系。也就是说，金鱼起源于中国普通鲫鱼。

最简洁有力的论断出自陈桢先生。1954年，他在《金鱼家化史与品种形成的因素》中写道："鲫鱼与金鱼被认为同学名的理由是这样的：1.任何一种金鱼都可以与野生的鲫鱼进行杂交，杂交的后代有正常的生殖后代的能力；2.草金鱼与鲫鱼的差别很小，仅仅是颜色上有红灰之分，行为上有畏人与不畏人之分，胚胎和幼稚时期的单尾草金鱼和鲫鱼在形体上是完全相同无法分辨的；3.日本生物学家石原等曾用金鱼和鲫鱼的血清做沉淀反应的试验，证明金鱼与鲫鱼是同种的。"半个多世纪过去，又有不少生物学家做过相关研究，从染色体组型、肌肉蛋白、血清蛋白等角度比较金鱼和鲫鱼，结果都支持这一观点。

陈桢是我国动物遗传学的奠基人，他的成就一大半来自金鱼实验。他把金鱼从古人庭院里的一种玩物，带入现代遗传科学实验室，进行透彻研究，奠定了金鱼知识体系的基础。他是金鱼史上绕不过去的巍峨山峰。我们不妨从他的故事开始。

　　陈桢（1894~1957）江苏邗江瓜州镇人。他的父亲是长江水师的一名小武官，驻防地点经常变动，居无定所，加上家境比较贫寒，所以19岁之前，陈桢只断断续续读过几年私塾和两年小学，其余时间在家自学。后来，父亲通过关系，让他改入江西铅山县籍，1912年参加江西省公费生的考试，初试与复试都名列第一。从此他靠公费和奖学金就读，1918年拿到了金陵大学农林科的学士学位，1920年拿到了美国哥伦比亚大学动物系的硕士学位，接着跟随摩尔根教授攻读遗传学。这位摩尔根，就是"孟德尔—摩尔根学派"的支柱之一，名满天下的遗传学大师。陈桢是在他果蝇实验室里实习的第一个中国留学生。

　　陈桢于1922年回国，先后在东南大学、清华大学、北京师范大学、西南联合大学、北京大学等高校担任生物学教授，传播孟德尔、魏斯曼、摩尔根的遗传学理论。

在遗传学领域，实验对象的选择十分重要。孟德尔依靠豌豆，魏斯曼依靠小鼠，摩尔根依靠果蝇，都做出了伟大发现。当时中国高校的实验设备十分简陋，限于条件，陈桢选择了金鱼作为实验动物。他说："它（金鱼）在外部性状上有许多明显的变异，不难饲育；虽然每代需时一年，但在这点上并不比曾用之作出很重要工作的豌豆和月见草更为不利。再者，它为体外受精，所以它的卵和胚胎可用作研究遗传问题的胚胎学实验的各种材料。"

陈桢并非第一个注意到金鱼变异的人。许多年前，在《动物和植物在家养下的变异》一书中，达尔文就引证了中国金鱼来说明人工选择的原理和方法。在他看来，物种不是固定的，在人的干预下可以改变，人工选择就是人类创造新品种的关键，"金鱼，由于养在小鱼缸中，并且由于受到了中国人的细心照顾，已经产生了许多族"。在另一本《人类的由来和性的选择》中，达尔文指出："金鱼……它的华丽色彩大概是由一种单纯的突然变异所形成的，这种突然变异即是它所圈养条件引起的。然而，更为可能的是这等颜色是通过人工选择而被加强的，因为从遥远的古代起，这个物种在中国就被精心培育出来了。"

可见，陈桢的选择既偶然又必然。他是第一个把金鱼当成遗传实验对象的学者，由此开创中国生物学研究的一种传统。例如，童第周等学者就是利用金鱼进行细胞核移植的，取得了重大成果。解放后，中国科学院动物研究所变成了北京金鱼养殖的中心之一。金鱼是被中国科学家研究得最透彻的物种之一。

所以我不愿把科学家陈桢当成金鱼的知音。我想金鱼不甘忍受小白鼠、果蝇的命运，被禁锢、刺激、解剖、观察，徒劳无益地繁殖。对于中国人来说，金鱼是一种慰藉心灵的审美宠物，充满灵性和艺术气质。

回到 1924 年的南京，任教于东南大学的陈桢，认真查阅和收集古籍中有关金鱼的记载，梳理金鱼的种源、家化、变异及其演变过程；奔走于南京、扬州和上海等地，调查玩家和养殖场拥有的金鱼品种，还以通讯的方式，搜集天津、苏州和广东等地的品种资料。他首次记录了蓝鱼（常鳞的）、紫鱼、翻鳃、珠鳞和水泡眼 5 个新种。他购买了十几个水缸和其他设备（包括一个两脚规、一把刻度半毫米的米尺和显微镜），开始对 120 条家化金鱼和 40 条野生鲫鱼的体形变异（包括体长、体高、背鳍、腹鳍、臀鳍、尾鳍、头、眼、鳃、鼻隔、鳞片、鳞色等）进行细致的观察、测量和统计，并且开始对金鱼与鲫鱼、金鱼各品种之间，进行杂交、培育和统计学分析。从 1925 年开始，他在国内外专业杂志上发表了《金鱼外形的变异》《金鱼的变异与天演》《透明和五花：一例金鱼的孟德尔遗传》《金鱼和鲫鱼身体各部分、各器官、各组织的比重》《金鱼蓝色和紫色的遗传》等 10 多篇论文，奠定了自己的学术地位。

陈桢以大量事实，论证了金鱼是从野生鲫鱼经过家化而形成的，全世界的金鱼都来自中国。他首次证实孟德尔遗传规律也适用于鱼类。那么，是什么因素让灰溜溜的鲫鱼变成五光十色的金鱼？按照达尔文的理论，是不断的人工选择。养殖者觉得金鱼凸出的双眼漂亮，就每次都选择眼睛最凸出的金鱼配种，一代代坚持，最后培育出龙睛金鱼。但是陈桢发现，用达尔文的选择理论和拉马克的获得性遗传理论，都难以解释金鱼的背鳍残缺——即无背鳍的蛋种鱼。背鳍残缺一开始肯定不美，长短错杂，残缺不全，是被养殖者称之为"扛枪带刺"的次品，必欲除之而后快，所以必定不是选择出来的；另外，人们也无法通过损伤金鱼母本的背鳍，来获得一条蛋种鱼。他相信这是遗传突变造成的。"我想近代的突变理论是与大部分事实相符合的理论。"他表示说。

　　奇怪的是，30年后陈桢先生大转弯，发表了一篇新论文《金鱼家化史与品种形成的因素》，否定昨日之我，也把师训批判一通："照孟德尔—摩尔根的突变论，金鱼家化史中的各

种事实是无法解释的，只有在达尔文主义和米丘林学说的原理指导之下方能了解金鱼品种形成的历史。""形成金鱼品种的因素有二类：（一）生活条件的改变；（二）人工选种。"

陈桢的立场为什么转变？这篇论文的绪言已经讲得很清楚："在米丘林学说的光辉照耀之下，我重新检查了过去的工作，感觉其中错误和缺点很多。……在过去，我从错误的孟德尔—摩尔根派旧遗传学的观点看问题，关于变异发生的过程，没有经过细心研究寻到可靠的证据，就主观地用'突变'来说明。其实，这样的说明比不说明更坏。"事实上，这篇论文是屈服于当时的政治压力而作的一个检讨和声明。

陈桢的学生苟萃华的回忆文章里，讲到一个小故事：有人质问陈桢，李森科五十寿辰的时候，为什么没有发贺电？陈桢当即义正辞严地说：我五十寿辰的时候，李森科为什么不发贺电？苟先生没有说明是否自己亲眼所见，也没有注明出处，我有点怀疑。更多回忆文章描述的陈桢，是谦逊谨慎的学者，不会如此张狂。

解放初期，前苏联传入的"米丘林—李森科学派"统治了中国生物学界，自称无产阶级遗传学，与资产阶级遗传学"孟德尔—摩尔根学派"势不两立。中国生物学界的顶尖学者童第周、胡先骕、陈桢、谈家桢、王伏雄、戴松恩等人无不受到冲击，有的拍马逢迎，有的顽抗被斗，更多的还是战战兢兢，自我检讨。

陈桢曾经撰写过两本教材，高校使用的《普通生物学》（1924）和《生物学》（1933），后者长销不衰，截至1951年共印发了181次。但是在1952年2期的《生物学通讯》上同时发表了2两篇批判这本中学教科书的文章，其中署名周绍模的《评陈桢编著"复兴高级中学教科书生物学"修订本》一文尤其尖锐，称该书解放后的"修正本内依然保留着许多不正确的、错误的，甚至反动的、有毒的东西"，许多内容"是孟德尔、魏斯曼、摩尔根的反动学说的翻版"，对"划时代的自然改造者米丘林的尊敬"远远不够，"前后三段总共计算起来不过300多个字，竟完成了介绍米丘林学说的任务。这如其说是介绍，倒不如说是为了装点这本生物学修正本的门面。全书印有18位生物学家的照片，表示我们对前辈科学家的敬仰，而独独缺少了米丘林的照片"。这是一个严重警告，作为摩尔根的嫡传弟子，陈桢不表态是混不过去的。

很显然，《金鱼家化史与品种形成的因素》是一份投名状，陈桢用来表示自己背叛师门、改信米丘林学派的立场。在当时那种政治大环境下，我们不能苛责一位学者委曲求全，但是我们要明白，这很可能是一篇违心之作。

出人意料的是，这篇违心之作写得非常精彩。我想有三个原因：首先作者用功甚勤，几乎将古籍中的金鱼史料一网打尽，对金鱼的家化史进行了简明的分期；其次是从遗传学的角度，言之成理地描述了金鱼的变异和演进过程；最后，文章深入浅出，语言平实简洁，堪称学术通俗化的成功范例。陈桢的检查立刻获得了官方称赞。中国科学院生物学部召开大会，号召全体科研人员向他学习。1955 年该论文出版单行本，次年又译成英文，在《中国科学》（英文版）上刊载。日本学者泉永岩译成日文转载。

　　陈桢的工作完成得非常出色，此后的学者谈论金鱼家化史，很多时候只是引证该文，复述他的意见。鉴于这种观点已经成为主流学说，我也应该整合陈桢该文观点，在这里简要介绍，叙述一下中国的金鱼史。

　　每时每刻，自然界的生物都在发生大大小小的变异，千万条鲫鱼中间，偶尔出现一条红鲫鱼并不稀奇，它们自生自灭，雁过无痕。但是中国文化里有一种"天人感应"观念，认为自然现象与人类事务奇妙相关，比如天下大治，就会出现麒麟、青鸟、嘉禾、赤鲤等罕见的祥瑞符号，表示上天嘉许。所以"晋桓冲游庐山，见湖中有赤鳞鱼"（《述异记》）、"淳

熙十六年六月甲辰钱塘旁江居民得鱼备五色，鲫首鲤身"（《宋史》）等奇鱼现身，都是历代文人津津乐道的事情。在我们的文献里，关于红鱼的记载至少可以追溯到晋朝，至于"赤鳞鱼"是不是鲫鱼，那就说不清了。

佛教强调众生平等，历代均有"放生"的传统。信徒们将捕获的比较珍奇的龟鳖鱼虾，拿到寺庙的放生池中放养，累积功德，其中不乏红鲫鱼。史籍中最早出现金鲫鱼的地方是嘉兴，《方舆胜览》云："养鱼池，在城外，即陆瑁池。又唐刺史丁延赞得金鲫鱼于此，即今之西湖。"实际上，丁延赞在嘉兴发现金鲫鱼的时间相当于宋初，约公元 968 年至 975 年，后来这个池就被称为金鱼池，也用于放生。

北宋杭州六和塔下慈恩开化寺的金鱼放生池，因大诗人苏轼1073年留下过"金鲫池边不见君"的诗句，而特别有名。1089年，他重游杭州南屏山兴教寺，为放生池中的金鱼投放了一些食物，写下了"我识南屏金鲫鱼，重来拊槛散斋余"的诗句。可知直到这时候，金鱼还生存于半家化的放生池中，除了颜色金黄，与鲫鱼没有多大差异。

南宋已经开始家养金鱼，最早的史料记载来自成书于1214年的《桯史》，作者岳珂，是爱国名将岳飞的孙子，书中"金鲫鱼"条云："今中都有蓄鱼者，能变鱼以金色，鲫为上，鲤次之。贵游多凿石为池，置之檐霤间，以供玩。问其术，秘不肯言，或云以阛市涔渠之小红虫饲，凡鱼百日皆然。初白如银，次渐黄，久则金矣，未暇验其信否也。又别有雪质而黑章，的皪若漆，曰玳瑁鱼，文采尤可观。逆曦之归蜀，汲湖水浮载，凡三巨艘以从，诡状瑰丽，不止二种。惟杭人能饵蓄之，亦挟以自随。"其中"逆曦之归蜀"指的是南宋叛臣吴曦1206年奉命往四川任职之事，可见当时的大臣已经家养金鱼。

周密的《武林旧事》成书年代略晚，但记载之事更早："德寿宫中有金鱼池，名曰泻碧。"德寿宫是宋高宗赵构 1163 年退位为太上皇时所居之地。这意味着，至少在 1163 年，中国人就已经开始在家中造池养殖金鱼，是为池养时代，也是金鱼家化的开始。

陈桢认为，家池养鱼与从前的放生池养鱼有很多不同之处：

"（1）家池中只养人所爱好的金鱼，不养其他鱼类。放生池中除金鱼外还有鲫鱼及其他野鱼。因为家鱼池中没有家鱼与野鱼的杂交，并且避免了种间斗争，所以金鱼在家鱼池中比较容易繁殖而且容易保存新生出来的变异。

（2）放生池中的生物只能从人那里得到保护和一些饼饵。家鱼池中的金鱼除保护与饼饵外，还能从人那里得到充足而且更适宜的饲料，即污水中的小红虫，名叫蚵虾儿，可能就是现在大家所熟知的水蚤。

（3）初步了解了鱼类生殖。这些知识帮助了以养鱼为业的鱼儿活来繁殖大量金鱼。

（4）由于爱好玩鱼的人与鱼儿活重视异样金鱼，在不知不觉中已经开始进行了人工选择。"

上述不同之点说明放生池中的金鲫鱼还在半家化状态中，而家池中的金鱼已经进入家化时期了。

从元代到明初，有关金鱼的记载很少，1547 年以后突然增多。明中期金鲫鱼在杭州一带又有火鱼、朱砂鱼之称，并且放在缸中蓄养。朗瑛的《七修类稿》说："火鱼：杭自嘉靖戊申（1548）来生有一种金鲫，名曰火鱼，以色至赤故也。人无有不好，家无有不蓄。竞色射利，交相争尚，多者十余缸，至壬子（1552）极矣。"这意味着金鱼进入了盆养时代。

陈桢认为，金鱼从池养到盆养，是金鱼家化史上最重要的一个改变，产生的影响最大。一方面，池养改为盆养，生活条件对金鱼的形体生理和胚胎发育产生了很多的直接影响，并且间接地影响了遗传性。另一方面，盆养使大量养鱼、仔细选鱼、分盆育种成为可能，因而无意识的人工选择提高了效力。晚明出现了6个新品种或能遗传的变异：五花、双尾、双臀、长鳍、凸眼、短身。

中国人养殖金鱼的历史虽长，但早期一直在盲目摸索，不知配种的原理。按岳珂的说法，宋人还以为金鱼是吃了红虫才变成红色的，当然是无稽之谈。明万历《杭州府志》云："说者谓鱼本传沫而生，即红白二色雄雌相感而生花斑之鱼，以溪花郎与白鱼相感而生翠绿之鱼，又取虾与鱼感则鱼尾酷类于虾。"鱼和虾怎么能够繁殖后代呢？显然明人仍不知鱼类生殖的秘密。到了近代，成书于1848年的《金鱼图谱》已经知道："咬子时雄鱼须选择佳品，与雌鱼色类大小相称。"此后的不少著作都谈到金鱼要按品种分缸饲养，避免"串秧"，鱼子成形后要注意挑选等等，认识有了重大进步。

陈桢认为，最迟在1848年，中国人养殖金鱼，已经实行了有意识的人工选择，培育新品种的步伐加快，至1925年，增加了墨龙睛、蓝、紫、狮头、鹅头、望天眼、水泡眼、绒球、翻鳃、珠鳞10个新品种。

总结一下，中国养殖金鱼从南宋 1163 年开始，迄今已有
850 多年。期间经过了池养时代（1163~1546 年）和盆养时代
（1547 年至今）。如果说早期金鱼养殖是无意识的人工选择，
那么从 1848 年开始，进入了有意识的人工选择时代。从 1925
年开始，陈桢先生进行了一系列金鱼不同品种间的杂交来选
育新品种，从而开启了一个杂交育种新时代。

1925 年之后的杂交育种时代，涌现了更多的金鱼新品种。
我根据傅毅远先生的《关于我国金鱼品种演化及系统分类的
初步意见》（《淡水渔业》1981 年 6 期）一文整理补充在这里，
供读者参考。傅毅远先生是解放后中国金鱼界的泰斗级人物，
有《金鱼》（浙江人民出版社，1980 年）、《中国金鱼》（伍
惠生、傅毅远合著，天津科学技术出版社，1983 年）等著作，
他在杭州动物园亲自培育了不少金鱼品种，包括著名的"朱
顶紫罗袍"。

1934 年，陈桢培育出了紫蓝色金鱼。

1935 年，许和等编著的《金鱼丛谈》记载了上海 70 多个
金鱼品种，其中新增的有龙睛球、珍珠龙睛、龙睛灯泡眼、
珠砂眼银蛋、蓝蛋球、青蛋球、蛋种翻鳃、望天龙球。

1941 年林汉达著《金鱼饲养法》（时间疑有误。查该书
最早为世界书局 1938 年 6 月初版，
林汉达编著——作者注），记载
的新品种有两类：一类主要是珍
珠鳞的变异，如珍珠蛋、珍珠翻鳃、
珍珠朝天龙、珍珠水泡、珍珠虎头；
另一类是翻鳃的变异，如虎头翻鳃、

水泡翻鳃、狮头翻鳃、绒球翻鳃和蛤蟆头翻鳃。此外还有一种尾鳍大而阔，形如折扇的扇尾。

1950年，杭州金鱼饲养场在沪、杭一带搜集到的新品种有黄高头、玉印头、虎头龙睛、彩色蛋球、元宝红等。

1965年前的十年间，新增品种主要体现在：各种头型的色彩更丰富，出现了蓝朝天龙、紫龙背、蓝水泡、黑水泡、蓝鹅头、紫蛋凤；灯泡眼的变异增多，有朝天龙灯泡眼、龙背灯泡眼、虎头龙背灯泡眼；珍珠鳞的变异增多，有彩色珍珠、凤尾珍珠、珍珠鹅头；透明鳞方面有玻璃水泡、玻璃蛋凤、玻璃朝天龙等；新出一种网透明鳞的蓝底杂有黑斑的素蓝花色，十分雅致；而全身绛紫、头部肉瘤朱红的朱顶紫罗袍尤为出色。

1966年至1976年，是"文化大革命"十年，金鱼品种损失很多，新出现的有珠砂水泡、紫珍珠、虎头球、蓝狮头等。

以上是1976年以前，中国金鱼史的一个概要介绍。在近千年的时间里，从寻常的野生金鲫开始，经过一代代的努

力，金鱼的变异越来越多，逐渐形成了一个性状奇特、品系复杂的庞大家族。我觉得有两点要特别关注：首先，金鱼没有任何实际用处，不像六畜那样关乎国计民生，它是像鸽子、蟋蟀、鹦鹉一样的休闲玩物，供有钱有闲阶级观赏，也可以说是一种审美宠物。其次，从南宋开始，金鱼就切断了与野生鲫鱼的联系，自我繁殖、自我变异，是人类培育和创造的一个人工物种。

中国的金鱼如何传播向世界，陈桢也做了一番考究。他在《关于我国金鱼品种演化及系统分类的初步意见》中写道：

"按照松井佳一的研究，日本的金鱼最初是由中国传去的，传到日本的最早记载是公元 1502 年或 1620 年，可能传去很多次。

按照 Boulenger，金鱼由中国传入英国的时期是 17 世纪末叶。Innes 认为金鱼传入美国是 1874 年。Bateson 根据 Pouchet 说，18 世纪中传到欧洲的金鱼都是双尾的。"

半个多世纪过去了，不知道学术界是否有更新的研究进展，我特意查阅了中科院研究员潘吉星先生 2008 年的一篇论文《金鱼在中国的家养史及其在东西方的传播》（《自然杂志》30 卷 5 期），发现陈桢的观点经得起时间考验，相关研究更多是补充和深化。

潘吉星说，金鱼于 16 世纪初传入日本。据安达喜之《金鱼养玩草》（1748）所载，文龟二年正月二十日（1502 年 2 月 26 日）中国金鱼已经运抵日本；从文化年间（1804~1816）以后，金鱼成为大众的爱玩物，从中国引进的主要有赤鲋、霓仙和凫尾 3 个品种，但他们已经育出了新种。

朝鲜最迟在 18 世纪就已从北京引进金鱼。19 世纪实学家李圭景（字五洲，1788~1862）在《五洲衍文长笺散稿》（约 1857）卷十写道："近世有金花鱼自燕（北京）来者，贵家多养之。有欲其孳长，纳于池中，经霖溢入于京都（汉城）……第其色各异，以金鱼为总号。"

明清时期的耶稣会士早就在中国见过金鱼。1714 年 7 月 26 日，意大利传教士利安国在发回国内的信中说："中国人在自家种饲养各种颜色的小鱼（金鱼），呈金色或银白色，有特别的形状，其尾部与身体一样长。我们在教堂中也养这种鱼。有人希望带到欧洲养，没有成，因每天要换淡水，而在船上是缺淡水的。"欧洲人最后还是克服了困难。大约 1745 年，法国国王路易十五的宠妾蓬帕杜夫人得到了一份金鱼礼物，让人养在宫中，巴黎遂掀起养金鱼的风潮。巴黎是欧洲的时尚中心，接着奥地利、德国和俄国也紧跟潮流，蓄养金鱼。

按照潘吉星的研究，"17 世纪初法国人将金鱼从中国引入本国饲养，1728 年英国人紧随其后，17 世纪中叶金鱼传入荷兰"。"19 世纪初中国金鱼越过大洋传到美国，又继续大量向欧洲出口。除作为观赏鱼类外，还成为科学研究的对象。例如当时在伦敦市场上可以买到 20 种以上中国金鱼，包括龙睛、狮头、幔尾和绒球等变种。"法国鱼类专家索维尼记录了 89 个金鱼变种，并绘制了彩图。英国汉学家梅辉立在 1868 年发表的《金鱼饲养》一文中，引用大量中国史料，准确地指出："大约在诺尔曼人征服英格兰时（11~12 世纪），中国人就已经熟悉了金鱼。"

在引进金鱼的国家中，日本成就最高。经过数百年的努力，日本人结合自己的民族精神，创造了和金型、琉金型、兰寿型三大类 20 多种金鱼，独具特色，有些品种甚至超过了原产地。近年来日本兰寿、琉金、地金等品种回传中国，引起中国金鱼界的变革。

　　陈桢的金鱼家化史研究有口皆碑，但他毕竟不是文史学者，不熟悉古籍版本源流，不可避免出现一些小错误。考虑到他的观点影响巨大，我想在这里就宝奎《金鱼饲育法》一书出现的问题做点澄清。

　　陈桢说："由公元 1848 年至 1925 年的 77 年中新添了墨龙睛、狮头、鹅头、望天眼、水泡眼、绒球、翻鳃、蓝、紫、珠鳞 10 个品种。"其中，墨龙睛和狮头之所以入选，是因为 1893 年刊本姚元之《竹叶亭杂记》中收录的《金鱼饲育法》一文首次提到。他说："《竹叶亭杂记》中首次记载了墨龙睛、狮头两个新品种。"

　　《金鱼饲育法》（原文无题，暂用此名）是一篇独立的文章，作者为宝奎，被姚元之抄录进自己的书稿《竹叶亭杂记》。对此，《竹叶亭杂记》卷八有完整说明："宝冠军使奎，字五峰，号文垣，记养鱼之法颇有足采者。录之。"抄录的文字仅条列鱼品养法而已，无题，无条目，颇为散乱。

作者"宝冠军使奎"，即宝奎，冠军使是清宫官名。我们不知宝奎的具体情况，他可能是满族，喜欢花鸟虫鱼的八旗子弟，偶然写下一篇养金鱼文。但我们知道姚元之（1776~1852）的情况，他是安徽桐城人，字伯昂，号竹叶亭生，精于书画，1843年辞官回乡，在桐城故居添置馆舍，建了一个竹叶亭，著书、吟诗、作画于其间，1852年去世。

姚元之生前就已经编撰《竹叶亭杂记》成稿，但没有刊印。40多年后，他的从孙姚谷于1893年将书稿付印。姚谷在序中解释说："先伯祖阁学公博极群书而无撰述。官京朝数十年，每就见闻所及，成《竹叶亭杂记》十万余言。一时士大夫相与传录，福州梁茞林中丞采入《归田琐记》尤多。咸丰壬子，公捐宾客，图书散佚，手泽仅存。先君珍藏箧衍，欲付刊传世，闲关兵事，卒未暇为。"

清末罗振玉等人在上海组织农学会，从1897年到1905年出版"农学丛书"共7集，以译著为主，但也重印了部分中国古代农书。宝奎的养金鱼文被罗振常从《竹叶亭杂记》中单独抄出，重新编订，收入初集第十五册，名为《金鱼饲育法》，署名为"冠军使宝奎述，桐乡姚元之录，罗振常编次"，于1899年刊刻。

陈桢先生看到的《金鱼饲育法》，是比较晚出的《竹叶亭杂记》印本和"农学丛书"刻本，所以他视书中记述之事发生于1848年之后，也就是他说的"有意识人工选择时代"。但这是不正确的，因为《竹叶亭杂记》的抄本早于1848年。

根据姚谷的记述，姚元之《竹叶亭杂记》成书后，"士大夫相与传录，福州梁茝林中丞采入《归田琐记》尤多"。梁茝林即梁章钜（1775~1849），晚清高官，著述如林。他的《归田琐记》完成于福建浦城县，与作时间为1843年至1844年两年。查《归田琐记》卷一"止血补伤方"，就有"姚伯昂总宪《竹叶亭杂记》曰"，引述后者药方。可见不迟于1843年，《竹叶亭杂记》已经完稿，并有抄本传世。也就是说，宝奎的"金鱼饲育法"必定早于1843年完成，才能被姚元之采录进自己的著作。

宝奎《金鱼饲育法》成书早晚几十年，本来是小事，但因为涉及金鱼家化史的分期与断代，不得不认真分辨。按照陈桢先生的观点，明人不知道育种的原理，还以为鱼虾杂交可生新种，"不知选种，但知选鱼"，这个时候属于"无意识选择"时代。为什么1848年会成为"有意识人工选择"时代的开端呢？那是因为这一年成书的《金鱼图谱》写道："咬子时雄鱼须择佳品，与雌鱼色类大小相当。"他认为这时的人们已经知道育种的道理，知道选择良种交配。他又引述《金鱼饲育法》的记载证之："鱼不可乱养，必须分隔清楚。如黑龙睛不可见红鱼，见则易变。翠鱼尤须分避黑、白、红三色串秧。花鱼亦然。红鱼见各色鱼，则亦串花矣。蛋鱼、纹鱼、龙睛尤不可同缸。各色分缸，各种异地，亦令人观玩有致。"

其实《金鱼饲育法》不但有金鱼养殖忌讳"串秧"的说法，还有关于人工育种的详细描述："先用洗净揉软棕片一块，择闸草四五束，去根，以绳线缚之，击以石块，坠草于其水中间，不可散放。后看牝鱼跳跃急烈有欲摆子之势，即取放水浅缸内。入公鱼二尾，恐一公鱼追赶不力。俟母鱼沉底懒于游泳，便是已摆子之候，即将公鱼取出，迟恐为其吞食鱼子。缸须置向阳之处，切忌雨水。听其自变，不过七八日便能生动如蚂蚁蝇蛆之状，生长最速。""其毕一次后，隔十余日一次，看其赶，即须放草接子。"

显然，陈桢的"有意识的人工选择"时代应该以更早的宝奎《金鱼饲育法》完稿为标志，最迟不晚于1843年。否则，会把墨龙睛和狮头两个品种逐出这个时代。

王春元是 1956 年进入中国科学院动物研究所遗传实验室工作的，自称受导师陈桢的影响，对金鱼深感兴趣，作为终身的研究对象。"很可惜，不到一年时间，疾病夺走了他的生命，于 1957 年过早地离开了人间，终年才 63 岁。"他在著作中写道，"如果他健在的话，我想他可能再会修改他的学术观点，来个否定之否定，即否定了原来的'突变'论，肯定了'环境条件的作用'之后，后来又否定'环境条件的作用'，而又肯定了'突变'的作用。这只是一种推测而已，已不能成为现实了。"

王春元认为，晚年陈桢抛弃师说，应该是屈服于当时的政治压力，并非本意。

个人的学术转向，本来是一件私人事务，无可厚非。麻烦的是，因陈桢在国内生物学领域的崇高地位——中科院学

部委员、动物研究所所长、鱼类遗传学泰斗，他晚年的错误观点广为流传，至今仍被各种金鱼生物学科普读物所沿袭。例如，徐金牛等在《中国金鱼》（1981）一书中提出："金鱼变异和优良品种的形成，主要原因是生活条件的改变和人工选择的结果。"这与国际遗传学界的主流观点格格不入。

前面说过，遗传学界一直分为两派，一派是"拉马克—米丘林学派"，主张后天获得的性状可以遗传，相信"用进废退"，认为长颈鹿因为常吃高处的树叶脖子变长；另一派就是"孟德尔—摩尔根学派"，相信基因决定遗传，基因可以突变，但后天获得的性状不会遗传，例如铁匠世家的新生婴儿并不比其他孩子强壮。这两派争论了一百多年，20世纪50年代后，随着分子生物学的诞生和中心法则的确立，人们已经知道，生物的性状功能无论再常用或不常用，都不会编码到染色体中，摩尔根的基因决定性状论大获全胜，"获得性遗传"理论遭遇灭顶之灾。

陈桢晚年改换门庭，"弃明投暗"，的确是一大憾事。难怪他的学生要以"我爱吾师，我更爱真理"的态度，纠正师说。

用"用进废退"的理论去解释金鱼性状的改变，表面看来言之成理，实则忽视了大量反例。例如陈桢说，鲫鱼从池养到盆养，空间缩小，产生了两个后果：一是导致金鱼的体形发生改变，"鲫鱼侧扁的体形适于快速行动。这样的体形不适于盆中生活，因为盆中空间小，快速行动可能引起碰壁，在盆养时期中生成的圆短的蛋形更能适应于盆中生活"；二是引起金鱼尾部的变化，池中生活时，金鱼垂直的尾鳍摆动有力，才能快速排水前进，但盆中生活宜于缓慢，"金鱼的尾柄就退化下来，使鱼身缩短了。金鱼的垂直坚强的尾鳍就变成排水力较小的软、长、倾斜面的双尾了"。陈桢面对的难题是如何解释草金鱼。草金鱼比金鱼更古老，且生活在同样的盆养环境中，但是没有去适应环境，依然像鲫鱼那样体形侧扁，尾部垂直有力。

用"适应环境"去解释金鱼新品种的出现，更是捉襟见肘，难以自圆其说。例如水泡眼，眼睛旁边带着两个大圆泡，有什么适应性呢？又如绒球，鼻隔膜变异为两个圆球顶在头前，显然只会妨碍行动；还有头瘤、珠鳞、翻鳃、朝天眼，从某种角度看都是累赘或病变，恰恰是"适应环境"的反例。如果活到今天，我相信陈桢也会从善如流，修改观点。

"的确，生活条件的改变，生物体是可以发生一些变异的。环境可以改变生物的表现型，这是众所周知的事实。但是这一些变异一般说来是不遗传的。"王春元写道。在《金鱼的变异与遗传》一书中，他专辟一节讨论"生活条件的改变不是金鱼品种形成的原因"，结论斩钉截铁："金鱼的变异与环境条件无关。"

他也背叛师门，回到了师祖摩尔根的学说。

被捕获的变异

　　遇见何为，我才有机会就金鱼生物学方面的一些问题讨教。何为48岁，是上海海洋大学生命学院的副教授，戴着一幅深度近视眼镜。"我是上海人，但满月就被抱到河北，算是北方人。"他说。他学的是水产养殖专业，毕业后在大学从事水生生物方面的研究，但对金鱼的着迷，则更多出于个人原因。

　　何为有个小鱼场，装备了一个相当专业的摄影室，亲自拍摄了很多金鱼照片。我们互加微信，他手指飞动，转眼间我的手机里就多了十几张金鱼照片。深黑的背景中，金鱼自然游动着，一束前侧光照亮了它富丽的头瘤和色斑，纤毫毕现，后面还有较弱的漫射光，勾勒出金鱼的轮廓，半透明的宽大尾鳍宛如舞裙飞扬，非常唯美。我知道他是一个被金鱼之美感动的自然科学学者。

"金鱼的遗传基因里，转座子特别多，也就是说某些基因片段很活跃，跳来跳去，到处插队。所以金鱼是遗传特征非常不稳定的一种鱼，容易产生变异。养金鱼的难处不在于变异，而在于稳定。"他告诉我。

转座子又称转座因子，是基因组中一段可移动的DNA序列，它很活跃，经常从基因组中的一个位置凭空"跳跃"到另一个位置，从而对后面的基因起了调控作用。转座因子活跃的生物，遗传就不大稳定，经常产生突变。转座基因理论是美国女科学家芭芭拉·麦克林托克于20世纪50年代发现的，因为观念超前，长期受到冷落，1983年她才因此获得诺贝尔医学与生理学奖。

"人在选择遗传表现的时候，其实也在选择遗传基因。"何为说，"为什么家畜和宠物大多是哺乳动物？一个重要原因是遗传基因稳定。通常，生物越是高等，基因越复杂，它的遗传稳定性也越高。锦鲤的选育方向比较集中，主要在体形和花纹方面，这与文化有关，如果锦鲤出现双尾的，可能就被淘汰了。对于人类来说，基因越稳定越好。"

这很容易理解。种瓜得瓜种豆得豆，遗传稳定是一件好事。母牛产犊，母鸡孵蛋，农家的最大希望无非是正常健康。有时候个别基因出了差错，例如婴儿天生兔唇、六指，无异于天降大祸。

"但是，如果金鱼的基因稳定，就没有品种的多样性了。是吗？"

　　"对，金鱼的情况很特殊。"何为说，"理论上说，南宋开始，金鱼从一个开放的生态系统转入一个封闭的生活系统，一直在近亲繁殖，纯化的程度非常高，基因应该很稳定才对。实际上并非如此。我一直在思考这问题，觉得应该考虑人的因素，才能解开这个谜。几百年来人们养金鱼，以奇为美，追求新品种，结果变异越多的鱼越有机会存活下来。这也是一种定向选择。所以我觉得，金鱼的变异特性是被人工选择加强的。"

　　"你的意思是说，在家化过程中，金鱼遗传基因的稳定性也发生了变化，我们今天的金鱼，比明代的金鱼、宋代的金鱼，基因的变异性更大？"

　　"金鱼基因里的转座子越来越多了，所以金鱼的变异、新品种的出现，在历史上呈现出加速度的趋势。但这只是我的一个猜想。"他谨慎地说，"可惜，还没有人去做相关研究，比较金鱼与鲫鱼的转座子数量和活跃度……"

　　对我来说，何为的猜想振聋发聩，厘清了许多问题。我不能把金鱼看成一条千年不变的鱼，在长期的家化过程中，不但它的基因和表现发生了重大变化，就连它的基因的稳定性也在演变，变异的概率越来越高。金鱼越来越适合人类的目的。你也可以说，它在迎合人类。

与野生鲫鱼相比，几乎在所有性状方面，金鱼都有所改变，仿佛一个全新的物种。你甚至可以说，金鱼是一条经过历代中国人选育、整形、雕琢出来的人工物种。但是，我们现在还是回过头来，逐一比对，看看金鱼的性状具体在哪些方面发生了变异。

我们将金鱼形态的变异分为体色、头型、眼睛、鼻孔膜、鳃盖、下颌膜、体型、鳞片、背鳍、尾鳍、臀鳍等变异，逐一讨论，看看它们与野生鲫鱼祖先到底有哪些不同。

体色变异（红、白、黑、黄、蓝、紫、花、透明）

金鱼的体色变异是最大的。金鲫鱼被人们从自然界中挑选出来家化，首先是因为它的体色与众不同。在古籍中，"文鱼""赤鳞鱼""金银鱼""金鲫鱼""朱砂鱼""火鱼"等称呼，强调的都是金鱼的色彩特征。在黯淡的野生鱼世界里，不知多少亿万次的生殖机遇，才造就一尾华丽的金鲫

偶然问世。它与这个世界格格不入，生存机会很低，像彗星一样转瞬之间消失在茫茫暗夜。幸好它的存在被人类发现，拯救于丛林，再给它建造一座伊甸园。人类就是金鲫的上帝。

金鱼的颜色，是由真皮层中的色素细胞产生的，与颜色有关的成分只有三种：黑色色素细胞、橙黄色色素细胞和反光组织（鸟粪素）。它们存在于所有银灰色的野生鲫鱼中。这三种成分就是鲫鱼的"三原色"，每当其构成比例有所变化，或者某种色素细胞缺失，就会改变体色，搭配出金鱼的缤纷世界。

金鱼的红色是因为只剩橙黄色素和反光组织，缺失黑色素。

黄色是因为只剩橙黄色素，反光组织较少，缺失黑色素。

蓝色是因为只剩黑色素和反光组织，缺失橙黄色素。

白色是因为只剩下反光组织，其余二者缺席。

透明是因为三种成分均缺失。

紫色是因为橙黄色素密集，黑色素稀少，看不见反光组织。

黑色是因为黑色素和橙黄色素密集，在无二者的地方，可见反光组织。

花斑由两三种色斑排列组成，五花则由红黄蓝白黑紫等复杂色斑混合排列组成。

还有一点十分重要，金鱼的体色并非与生俱来，也不是固定的。所有金鱼的幼体与野生鲫鱼一样，都是灰褐色，经过一段时间发育后，才开始变成各种颜色。这一点，明人就已经了解。《帝京景物略》云："（金鱼）种故善变，伺以渠小鱼，鱼则白，

白则黄，黄则赤，无生而赤者。"成年金鱼的体色稳定后，不少日后还会继续发生变化，红白可能变成花斑，紫色可能蜕变为蓝白。墨龙睛在时光里"褪色"，有的变成黑白，有的转化为橙红或红黑。一尾曾经夺魁的金鱼，年老色衰，可能不堪入目。金鱼也有自己的青春和花样年华。

金鱼鲜艳的身体只为人类而存在。一旦回归野生环境，金鱼要么死亡，要么适应自然，几代之后回复为灰褐色。短短数年的自然选择，就足以毁去一千年的人工选育。欧洲与北美原来没有鲫鱼，后来不少金鱼逃逸野化，河塘里也有了鲫鱼野生种群。

培育金鱼的最大挑战，就是精确控制金鱼的体色分布。《梦梁录》称："金鱼有银白、玳瑁色者。"可见南宋时期，金鱼就已经产生了红、白、玳瑁（黑白花色）三种颜色。世人唯只重红色，因为它最醒目，同时离自然最远。明代金鱼还是以红色为主，称朱砂鱼，后来才开始讲究红白搭配。《虫天志》曰："淮扬人蓄金鱼，初以红白鲜莹争雄，后取杂色自身红片者，有金鞍鹤珠七星八卦诸名，分缶投饵。"事实上，这个时候已经出现五花和透明鱼了，但是不为人所重视。按屠隆《考槃余事》"金鱼品"所说，五花金鱼"俗子目为癞"，早早扔了；被称为蓝鱼、水晶鱼的透明鱼，"自是陂塘中物，知鱼者不道也"。

屠隆谈到了明中叶金鱼时尚的变迁："初尚纯红、纯白；继尚金盔、金鞍、锦被，及印红头、裹头红、连鳃红、首尾红、鹤顶红，若八卦、若骰色，又出赝伪；继尚墨眼、雪眼、珠眼、紫眼、玛瑙眼、琥珀眼，四红至十二红，二六红，甚有所谓十二白，及堆金砌玉、落花流水、隔断红尘、莲台八瓣，种种不一。总之，随意命名，从无定颜色者。"

这段话说得复杂，其实很简单，只涉及红白两色，无非是在色块的安排上做文章。或以白为底，红色为点缀，最好鱼脑门上恰好一个红圆点，就是所谓的印红头、鹤顶红；头部全红应该就是裹头红了；十二红就是口眼加全身鱼鳍为红，极其难得。反过来，以红为底色的金鱼就要讲究印白头、十二白了。金鱼的价值，就在于全身恰到好处地现出完美而复杂的吉祥图案，难度越高越珍贵。

到了晚清，金鱼的花色渐多。据1925年陈桢搜集的资料，此时的金鱼花色，除了传统的红、白、黑、五花，又多了蓝、紫，已经基本出齐。我们今天的口味，要比古人宽广。愿意承认黑白也有极品，例如熊猫蝶尾；红紫也可以搭配出佳种，例如朱顶紫罗袍。明人把五花当成麻风病，但我们已经学会了欣赏五花之美，大多数金鱼品种都有了五花。

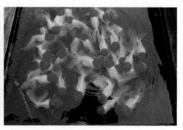

头型变异（鹅头型、虎头型、狮头型和龙头型）

野生鲫鱼的头型是尖的、流线型。如今的草金鱼还是这样一幅形态。金鱼头部最大的一个变异是长出了肉瘤。家化之后，养尊处优，金鱼长期生活于狭小、宁静的水体中，不必力争上游，结果头部皮肤开始松弛，皮下产生瘤状赘生物。经过定向选择，金鱼的肉瘤被控制在头部发育，包括顶瘤、鳃瘤、吻瘤和鬓瘤，成为一种重要的装饰。头瘤各部分发育程度的差异，构成了金鱼的不同头型。

头瘤到底是什么物质呢？根据王春元等（1983）的研究，肉瘤"主要表现为上皮组织退化解体，细胞层次逐渐减少变薄，并为疏松的结缔组织和黏液所代替。与此同时，结缔组织也出现明显的退化现象，如成纤维细胞大为减少，为大量黏液所填充。从外观上看，金鱼头部凸出物随着年龄的增长而显得增厚。实际上，是由于细胞空胞化和为大量黏液积聚所造成的瘤样赘生物"。简单说，头瘤是金鱼身上的多余物质，没什么实际功用。

那么，金鱼的头瘤是什么时候产生的？很难考证。蒋在雝《朱鱼谱》谈佛顶珠，说"独于脑上透红一点，圆如珠而高厚者方是"，指的应该是鹤顶红的顶瘤。该书谈到桃鳃白时，又说"间有两鳃红点圆而厚高者，名曰点鳃红"，指的应该是两边的鳃瘤。可知至迟清康熙年间，金鱼就已经有了顶瘤和鳃瘤。

头型是金鱼观赏的重点，非常重要。我们姑且列出四型的基本特征，先做一个大略的了解。

鹅头型：如果金鱼只长有顶瘤，没有两侧的鳃瘤、吻瘤和鬓瘤，就像高耸的鹅冠一样，又仿佛戴着一顶帽子，眼睛以下干干净净，就属于鹅头型（南方称高头，北方称帽子）。鹅头型有两个著名品种，一是文种（有背鳍）的鹤顶红；一个是蛋种（无背鳍）的鹅头红。

虎头型：如果顶瘤高高隆起，而鳃瘤、吻瘤和鬓瘤较薄，比较不发达，整个头型成方形，就称虎头型。代表品种有文种的朱顶紫罗袍，蛋种的红虎头。很多人认为，红虎头是中国的"金鱼之王"。

狮头型：顶瘤、鳃瘤和鬓瘤都很发达，唯有吻瘤不发达，看上去像个圆形的菊花头，丰满的肉瘤包裹住整个头部和面颊，头大于身，称狮头型。代表品种有文种的红狮头，蛋种的寿星和猫狮。

龙头型：唯有吻瘤发达，向前凸出，而顶瘤、鳃瘤和鬓瘤都不大发达，称龙头型。龙头型以日本金鱼最为典型，包括蛋种的兰寿和文种的东锦。

金鱼的头型判断比较困难，这是因为其特征比较含混。

鹅头型比较好判断，龙头型只出现在日本金鱼里。最麻烦的是虎头型与狮头型，它们都有发达的顶瘤，只是鳃瘤、鬈瘤的发育程度不同，差异在于数量（多少），而非本质（有无），不免见仁见智。更大的麻烦是各地区流行的虎头、狮头俗称，往往互相抵牾，例如杭州称狮头的，上海就称虎头。有个简单办法是将头瘤各部分都相当发达的金鱼，文种称狮头，蛋种称虎头——也就是说，到底虎头还是狮头，别管它们的头瘤了，先看它们有没有背鳍。

眼睛变异（龙睛、朝天眼和水泡眼）

眼睛也是观赏金鱼的重点，非常重要。

龙睛：双眼外凸，眼球远远脱出眼眶，像头两侧挂着一对大灯泡，这是龙睛类金鱼的特征。自然界很少这样的形象。我们见过略微鼓起的蛤蟆眼、鳄鱼眼，它们的眼球总算都还呆在眼眶之内，没有这样不顾安危夺眶而出的。中国人认为，传说中的龙就是这样的眼睛，所以称为龙睛。日本人没有龙文化，简单地称为出目金。

龙睛是古老的品种，晚明文人屠隆所撰《金鱼品》批评当时的社会风气，说："第眼虽贵于红凸，然必泥于此，无全鱼矣。"意思是金鱼眼虽然以红凸为贵，若只看这点，眼中就没有完整的金鱼了。说明最迟晚明已经出现龙睛，玩家公认凸而红最好。

　　沈伯平先生在《金鱼文化艺术欣赏》中称，扬州博物馆馆藏一件元代龙泉窑青釉双鱼瓷盆，盆地图案就是一对龙睛，"凸眼，长身，双尾，从身形看，符合元明时期金鱼的进化特征，如果此文物断代无误，双尾凸眼金鱼可能早在元代就已出现"。

　　到了清康熙年间，龙睛发展出不少款式。蒋在雕《朱鱼谱》专门有一条"眼论"，品评金鱼眼的优劣，认为眼睛"眲出"是一条完美金鱼的重要特征："眼必要大胖，眲出而红如银朱者谓之朱眼；必要红来透脑者为上，有一种眲出而黄色者，

光如琉璃，名曰水晶眼。有一种不晙者，但色次于朱砂，名曰金眼；有一种晙而黄色者，名曰淡金眼；有一种白者，名羊眼；若外有一重琉璃光者，谓碧眼，又名灯笼眼。又有一种又大、又晙、又红，如两角直宕于口边，楚楚可爱，此乃福建之种，名曰宕眼，如悬于外者，故名第一，朱眼第二，水晶第三，灯笼第四，金眼第五，淡金与白者不入格也。"

这段话比较费解。主要是"晙"字意思不明，我查了《辞源》，称"日月始出光明未盛为晙"，此外没有其他意思。王世襄辑录的版本，收录于《中国金鱼文化》（三联书店 2008 年 4 月）中。根据文意，"晙"字或是方言之借字，意为"凸出、凸起"。总结这段话的大意：金鱼眼最重要的是胖大、凸出、通红，他评为第一的福建宕眼，就是眼球大、凸、红，仿佛两个犄角悬挂在外，垂至嘴边，楚楚可爱。

有意思的是，最早记载"龙睛"一名的，并非国内图书，而是 1780 年在法国巴黎出版的法文版《中国金鱼志》，著者请中国学者绘制了 37 幅金鱼图片，其中两眼外凸的金鱼就定名为"龙睛"。而国内著作，要迟至晚清宝奎的《金鱼饲养法》才有"龙睛"的称谓。有人猜测，这是因为龙是皇权的象征，需要避讳。事实并非如此，清代本草著作中"龙须草""龙脑""龙虱""龙眼"之类的字眼畅通无阻，金鱼专著中也不乏"背如龙脊""二龙抢珠"的说法。我们只知道，"龙睛"之说最早流行于民间，文人学士未尝著录。

数百年来，龙睛一直是传统金鱼的代表，出现在各种绘画和雕刻艺术中。据现代作家金受申先生《老北京的生活》所说，北京金鱼通常分草金和龙睛两大类，龙睛是清宫的宠儿："早年内庭府第所养，只龙睛鱼一种，其他种类尚不多见。龙睛鱼以鱼睛凸出得名，以山东鱼秧为最佳品种。"

　　朝天眼：成书于1904年的拙园老人《虫鱼雅集》云："又有望天龙，眼上视，有脊刺；若无刺，即望天鱼。"这里说的是一种特殊的龙睛，其眼睛不是往前看，而是向上旋转90度，双眼望天，有背鳍的称望天龙，无背鳍的称望天鱼。关于这种金鱼的形成有一种传说：古人为了培育出双眼朝天的金鱼，特地在鱼缸上面加上木盖，只留一个小孔透光和投放饵料，为了看清食物，金鱼的眼睛不得不努力往上看，久而久之就变成了朝天眼。这当然不可能，因为后天获得的性状无法遗传，所以望天眼应该来自于一次遗传突变。

　　古人盆中养鱼，都是俯视赏鱼。望天龙是最适合俯视的品种。一条条金黄色的金鱼，头两侧挂着两个膨大的眼球——灰褐的眼眶、雪白的眼圈、漆黑的眼珠，黑白分明，炯炯有神，它也不看前程，而是向上久久地凝视你，带有几分朝觐的意味，你还不会受宠若惊？有的望天眼左右颜色不同，例如一金一银，称为鸳鸯眼。还有一种珍贵的望天眼，外圈银灰、中圈红色、内圈金黄，三重同心圆焕发金属的光泽，称为三环套月。

　　朝天眼有文蛋两种，以蛋种为正宗，称望天眼；文种的称朝天龙。据说，朝天眼的幼鱼还是眼睛望前的，45天后眼球开始翻转，再过10~15天完成90度上翻。鱼群嬉戏，一双双眼睛银光闪闪，在盆中移动，别有一番情趣。

水泡眼：金鱼的眼睛变异，越来越奇幻。比朝天眼更夸张和浪漫的，是水泡眼，在双眼的外缘，挂了两个半透明的柔软泡囊。泡囊上面，还可以看见丝线状的微细血管，里面装着淋巴液。由于头前顶着两个大水泡，金鱼行动起来摇摇晃晃，看上去像提遛着两个超级大灯笼，慢悠悠闲逛；如果水泡像大红灯笼，那就更受民众的喜爱。水泡眼金鱼的基本要求是两个水泡要对称，不能混养，以免其他金鱼把水泡当成食物追逐，咬破。

水泡也有文蛋两种，人们习惯于以蛋种为正宗，把长有背鳍的文种称为"扯旗水泡"。曹峰先生在《戏说水泡》中写道，文种水泡的子代里很少出现蛋种，因此"文种水泡是具有非常稳定遗传的一个独立类别，而并非蛋种水泡的返祖个体。文种水泡是合肥地区的代表品种，曾被广泛饲养。其特色为花色众多，以五花见长。泡体大而薄，鱼鳍犹如蝉翼，轻柔飘逸"。在蛋种水泡里，最富代表性的名品是朱砂水泡，身躯洁白如玉，配上两个饱满红艳的水泡。曹峰说，这样的色彩组合，才是真正的"双灯照雪"（古人描绘玛瑙眼龙睛的词语）。

明清古籍中没有记载水泡眼。一般认为，水泡眼出现于清末民初，1925 年由陈桢最早记录。养殖水泡最有名的是扬州。《扬州览胜录》记录民国时期的金鱼品种说："金鱼市在广储门外。……鱼类共七十二种，有龙背、龙眼、朝天龙、带球朝天龙、水泡眼、反鳃水泡眼、珍珠鱼、南鱼、紫鱼、东洋红、五花蛋、洋蛋、墨鱼等，名目繁多，不可枚举。各省人士来扬游历者，多购金鱼携归，点缀家园池沼。"

鼻孔膜变异（绒球）

绒球：有些金鱼的鼻隔膜异常发育，长出一对或两对球状隔膜皱褶，附着于吻顶，称为绒球。常见的绒球为鲜红色或玉白色，左右对称，金鱼仿佛簪花仕女，或头戴绣球的状元郎，游动起来，绒球在水中漂舞，花枝乱颤，标致极了。

绒球金鱼出现于清末，成书于1904年的《虫鱼雅集》最早记载了该品种："蛋鱼有虎头鱼、绒球鱼，皆异种也。"但文种绒球也很有美感，一对绒球在前左右旋舞，背鳍直立如帆，四开尾鳍平直舒展，颇为雍容华贵。绒球金鱼的遗传性状比较稳定，与狮头、虎头、望天、龙睛等杂交，可以培育出狮头球、虎头球、望天球、龙睛球等，为各种金鱼增加新的观赏元素。

鳃盖变异（翻鳃）

翻鳃：有一种金鱼，鳃盖的后缘由内向外翻转，鳃丝裸露，可以看清里面鲜红的鳃肉，又称"反鳃"。陈桢先生1925年第一次记载了该品种。民国年间翻鳃相当流行，《扬州览胜录》就提到了"反鳃水泡眼"。1938年林汉达著《金鱼饲养法》记录了上海很多翻鳃变异，例如虎头翻鳃、水泡翻鳃、狮头翻鳃、绒球翻鳃和蛤蟆头翻鳃，足见翻鳃深受欢迎，已经形成一个大类。

日本人不喜欢翻鳃。熊谷孝良《金鱼的科学饲养》一书说："这种金鱼两边的鳃盖像窗帘一样翻转起来。可以看到内部红色的鳃丝。因为是一种丑恶的金鱼，日本人不喜欢。还没有见到正式输入的。"

如今中国人也无法接受翻鳃了，认为是病态，在养殖场挑选时就抛弃了，市场上罕见。翻鳃的命运让我们深思：某种金鱼的遗传性状变异，能否广泛流行，取决于每个时代的审美标准。

下颌膜变异（颌泡）

颌泡：金鱼下颌膜变异，长出一个或一对水泡，称"颌泡"，又称"戏泡"。这是 20 世纪 80 年代由辽宁营口市田庄先生培育出来的新种，目前已经开发出文种和蛋种系列品种。其中红白水泡颌泡出现了不同色彩的四泡奇观，上面一对水泡眼是朱红色，下面一对颌泡是白色，造型诙谐夸张；其他如红龙颌泡、白文蛙头颌泡等，都充满奇趣。

传统金鱼观赏性状的变异，主要发生在八个方面——体色、体形、头型、眼、鼻、鳃、鳍、鳞，早已定型。颌泡的出现，意味着增加了一个观赏性状，堪称百年来金鱼培育的重大突破。

体形变异（皮球、背峰）

野生鲫鱼的体形是纺锤形的，金鱼的身形变短，这是一个明显的变异。陈桢曾经做过相关测量，发现金鱼的体长对头长的比例众数为 2.4，而鲫鱼为 3.5，表明金鱼是短身型，鲫鱼是长身型。而体高对头长的比例众数，金鱼和鲫鱼都是 1.2，说明金鱼只是缩短了体长，体高没变。

张谦德《朱砂鱼谱》说："身不论长短，必肥壮丰美者方入格。或清癯，或纤瘦者，俱不快鉴家目。"

皮球：肚腹滚圆肥胖的金鱼，以武汉皮球珍珠最为著名。大腹便便的体形，尽显福相，再配上一身珠光宝气的珍珠鳞，富态逼人，看上去十分生动有趣。与其他品种不同，皮球的选育专走大俗大雅的"土豪"一路，以诙谐、幽默、讨彩取胜。

高背：传统观赏金鱼的方式以俯视为主，金鱼进化为宽厚的平背，例如传统的虎头就讲究背部平直。刘景春先生在《北京金鱼文化概述》中写道："红虎头鱼，多有弓背者。

若其背弓弯超过 25 度，则有鱼体倒悬之虞。筛选鱼苗时，见弓背者即除去之。"接着又自豪地说："鄙人蓄养之红虎头鱼，已由弓背演化到平背长身，今已改进为平背短身。可谓十全十美、理想之鱼种也。"

近年来，为了适应玻璃鱼缸的侧视观赏，弓背鱼种大受欢迎，最突出的就是高背琉金。琉金是来自日本的文种鱼，嘴尖头小、腹圆背耸、尾鳍宽大，俯视没什么好看的，但是从侧面看去，其高耸的背峰线条和菱形的体形轮廓，非常优美。为适应侧视观赏，如今许多品种都开始追求高背效果。

鳞片变异（透明鳞、珍珠鳞）

透明鳞：鳞片与其他金鱼相同，唯独体表没有色素细胞和反光组织，结果像玻璃一样透明，可以看见身体里的内脏器官，这种金鱼在古籍里又叫蓝鱼、水晶鱼。明万历《杭州府志》就已经提到水晶鱼和蓝鱼。屠隆《考槃余事》称："如蓝鱼、水晶鱼，自是陂塘中物，知鱼者所不道也。"可见透明鱼不受欢迎。

《朱砂鱼谱》谈到了五花与透明鳞的变异："盆鱼中其纯白者最无用。乃有久之变为葱白者，翡翠色者，水晶者，迫而视之，俱洞见肠胃。此朱砂鱼别种可贵者，但不一二年复变为白矣。"

珍珠鳞：因为鳞片上含有较多的石灰质，鳞片中央增厚凸起乳白色的圆点，看上去仿佛镶嵌了一粒粒耀眼的珍珠，故称珍珠鳞，又称珠鳞，陈桢 1925 年曾记录这种品种。据吴吉人《金鱼》（1956）所述，上海养殖珍珠鱼的历史不过数十年。其种源于清末印度送慈禧太后的一批特产"大红珍珠鱼"。该鱼不耐寒凉，死亡于途，两广总督李鸿章遂截留第二批于广州饲养，后又被李鸿章女婿任思九带到上海，有人用五彩文种与珍珠鱼交配，子代百分之一二变成五花珍珠，尾巴更大，色彩更艳，是非常名贵的品种。

珍珠金鱼属于文鱼，目前有鼠头（皮球）珍珠和皇冠珍珠两个著名的品种。珍珠金鱼的养殖难度较大，一粒珍珠不慎脱落，价值便大打折扣。

尾鳍变异（凤尾、蝶尾、裙尾、孔雀尾、土佐尾）

金鱼的尾型之重要，不亚于头型。我们知道，野生鲫鱼是单尾双叶，像燕尾一样分为上下两个叶片，也有人称为双尾。"尾"的用法有时等同于"叶"，向来如此，要注意辨析。如今只有比较原始的草金鱼，还保持着野生祖先的单尾双叶。当金鱼演进为文种或蛋种时，尾鳍发生了几个重大变化：首先是数量增加了，多数变成了四尾（双尾四叶），还有极少数三尾(双尾三叶)；其次尾鳍的尺寸变大变长了，出现了中尾、长尾和宽尾；最后尾鳍开发出了难以计数的形态，多姿多彩。

最早记载金鱼双尾的是 1579 年印行的万历《杭州府志》："（盆鱼）有三尾者，五尾者，此皆近时好事者所为，弘正间盖无之，亦足觇世变矣。"这里说到的三尾，指的可能是双尾三叶——其中两个叶片连为一体，没有分裂；五尾可能是双尾四叶，再加上下面的单臀鳍。按这条史料，明弘治和正德时（1488~1521）金鱼还没有双尾，可见双尾起源于1521年至1579年之间。

清初《朱鱼谱》有"尾论"条，专门讨论金鱼的尾型，一个基本原则是"凡尾要大厚"，然后例举了两页尾、鸭脚尾、荷叶尾、江铃尾、虾尾、三尾、十字尾、喇叭尾、扇尾、蕉叶尾等名目，多数已被淘汰，但可想象当时人们已经在尾鳍上玩出了多少花样。现代金鱼的各种尾型，比较有特色的是如下几种：

凤尾：凤尾是古老的品种，晚清《金鱼图谱》中已出现它的身影。凤尾金鱼多属于蛋种，背肌光滑挺直，细腰，超长的尾鳍薄如蝉翼，尾尖如叶片，游动时裙角飞扬，静止时纱裙垂落，优雅俊逸，是传统金鱼里的名品。

蝶尾：其特点是尾肩亲骨朝身体两侧的前方伸展，像是一位少女双手高提裙裾，裙幅完全展开，雍容、华贵、对称，仿佛蝴蝶翩舞，流光溢彩，绚烂已极。蝶尾20世纪80年代崛起于福州，近年来完善于如皋，把金鱼的色彩之美发挥到极致。

裙尾：这种尾型的金鱼，每尾的双叶连在一起，末端不开叉，相反却宽大齐平，像是裁剪整齐的裙裾，看上去，金鱼腰系两片柔美飘逸的裙幅，轻歌曼舞。显然，这是来自于女装的灵感。

孔雀尾：日本金鱼地金拥有的一种特殊尾型，尾鳍较短，却像孔雀开屏一样竖立起来，完全展开。这种尾型是反自然的杰作，因为尾鳍与身体呈直角，阻力极大，妨碍金鱼在水中移动身体。

土佐尾：这也是日本人创造的一种尾型。通常，三尾（三叶）金鱼属于淘汰品，但是土佐锦却以三连尾为正品。其特点是尾肩亲骨朝两边平直伸展，构成一条直线，与身体垂直相交，中间两叶连为一体，组成一个半圆形。俯视观赏，尾部犹如一把打开180度的折扇，造型相当奇特。

背鳍变异（蛋鱼）

蛋鱼：蛋种金鱼，指尢背鳍的金鱼，体形短圆如鸭蛋。在金鱼的进化过程中，蛋种的出现，是一个重要里程碑，是金

鱼演进的高级阶段。从分类的角度看，撇开少数草金，人们一般把金鱼分为文鱼和蛋鱼两大家族。金受申《老北京的生活》说："鸭蛋鱼，俗称'蛋鱼'，因身短而粗，形如蛋圆，无背鳍，所以名蛋鱼。以尾短小的为佳种。凡无背鳍的都算蛋鱼。"蛋鱼家族包括了绒球、水泡、虎头、兰寿、丹凤等品种。

野生鲫鱼和文鱼都是有背鳍的。背鳍的功能是展开垂直的排水面，使扁薄的鱼身不至于左右倾斜，但是在家养的静水环境中，圆短的金鱼不需背鳍帮助，也能维持身体的平衡，因此变得可有可无。俯视金鱼，背部作为一个观赏重点，往往被竖立的背鳍干扰，因此偶然变异的无背鳍金鱼才会受到人们重视，保留下来。

蛋鱼是突变理论的最好注脚。当年陈桢已经意识到，"用进废退"的理论无法解释蛋鱼的出现。如果说金鱼的背鳍因无用而退化，为什么生活在同样环境里的草金和文鱼，背鳍都没有退化？如果说蛋鱼的背鳍是逐渐退化而来的，那它必须经过背鳍的萎缩、残缺、残余、消失等过渡阶段，问题是这些过渡阶段的幼鱼都会被当成瑕疵品遭无情抛弃，根本没有机会长成亲鱼。只有一种可能性：就是几万头幼鱼里面，突然出现一头健美的无背鳍鱼，被人有意保留，经过一代代人工选择，它的奇特基因繁衍出整个蛋鱼家族。

什么时候开始出现无背鳍金鱼？古籍失载。我们看到的最早的蛋种金鱼图像出现在 1726 年出版的《古今图书集成·禽虫典》中，有幅线描金鱼图，三尾中的两尾没有背鳍。可知在 1726 年之前，中国人已经培育出无背鳍的蛋鱼。

蛋鱼是一种严重违反自然的变异。解剖发现，由于身体变短，背鳍消失，金鱼的脊椎骨严重变形，尾椎内弯曲，肋骨扭曲。因此，即使经过三百年的选育，蛋鱼的遗传基因相当稳定，但是每年的新生鱼苗中，仍然会有一部分出现返祖现象，背上生出残鳍，扛枪带刺，或坑洼不平，需要淘汰。还有一些蛋鱼品种，因返祖生出全鳍，也颇有观赏价值，被称为扯旗，例如扯旗水泡、扯旗朝天龙等。

一条背部线条流畅、肌肉紧实圆润的蛋鱼，要经过反复挑选才能获得，其正品率远低于文鱼，这也是人们特别珍视蛋鱼的原因。

臀鳍变异（多臀鳍）

多臀鳍：所有的野生鲫鱼都是单臀鳍。除了草金鱼为单臀鳍外，多数金鱼还变异出双臀鳍和三臀鳍（上单下双），甚至无臀鳍。一般认为双臀鳍是金鱼品种的优良性状，无臀鳍和单臀鳍的个体，通常早早就被淘汰。

俯视金鱼时，藏于身下的臀鳍很难看清。有的臀鳍很长，甚至与尾鳍混在一起，丰富了金鱼的尾型。

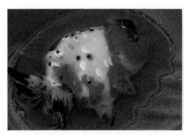 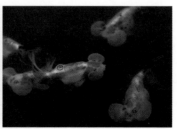

如果一代代养鱼人，都只是重复繁育，我们就看不到如此丰富的金鱼品种了。金鱼身上所有独特的性状，几乎都来自基因的偶然变异，被养鱼人识别出来，然后定向选育，变成一个性状稳定的品种。在这一过程中，养鱼人必须具备三种基本的素质。

首先是慧眼识别。金鱼年复一年繁殖，每代的子嗣成千上万，绝大多数健康正常，但也有比如 10% 左右的次品——它们是基因突变的产物，多数属于无益甚至有害的病变，不是歪瓜裂枣，就是缺胳膊少腿。你不需要 1 万条鱼，你的瓦盆只能养活 100 条，你怎么会把次品捡到瓦盆里？

想象一下自己站在金鱼的起源之初，每个选择都影响深远：有一尾鱼头上长了多余的肉瘤，难看死了，你随手丢弃，你实际上扔掉了所有的虎头、狮头和兰寿；有一尾鱼眼球凸出眼眶，恐怕很快就会瞎眼，还是早早扔了好，你实际上丢掉了龙睛、水泡和朝天龙；有条鱼背脊光溜溜的，像女人却没长头发，怎么看也不是美人胚子，也该扔了，你又扔掉了整个蛋鱼家族；有一尾鱼尾鳍裂为双尾四叶，显得特别臃肿，尾大不掉，也许应该扔了？你没想到，你在决定要不要扔掉凤尾、蝶尾、裙尾和孔雀尾的祖先……在理性的精打细算之下，很有可能，培育了一千年，你的瓦盆里还是一种草金鱼。

选择即风险。当变异刚刚发生的时候，你很难看清，哪些性状毫无价值，哪些性状前程远大。所谓慧眼，更多是一种直觉的智慧。

其次是捕捉变异。在瞬息万变的遗传突变面前，只有最机敏的捕手，才能捕捉到某种独特的基因表现。稍一犹豫，它们就消失了，可能再也不会出现。

熊谷孝良在《金鱼的科学养殖》一书中说："水泡眼子代中，也曾有过水泡长在下颚上的，珍贵地取名颚提灯。非常遗憾的是，还未成为亲鱼就死去了。"若干年后，这种下颌长出水泡的变异发生在中国田庄的鱼场。他没有让机会失去，而是紧抓不放，穷三十年之力，让下颌变异稳定下来，成功地开发出戏泡品种。

最后是基因提纯。捕捉到基因突变之后，最困难的是一代代提纯，至少需要花费五年以上的时间，才能让基因组合稳定下来，变成一个新种。许祺源先生认为，金鱼品种成熟的标志是，至少要连续三代，30%以上的子代拥有亲本的特征。他独创的"许氏鹅头红"，20世纪70年代就已经杂交出来，花了30年时间提纯，犹未竣工。2003年他表示，自己的鹅头红正品率只有5%，估计还需要十几年纯化，才能成为一个基因稳定的品种。

从育种的角度看，基因越稳定越好，那些人类培育数百年的优秀品种如龙睛、水泡、鹤顶红、狮头、寿星、兰寿、琉金，能够稳定地把基本性状遗传给下一代，成为无可替代的经典，长盛不衰；还有许多优良品种如王字虎、朱砂水泡眼、玉印头、龙睛四绒球、凤尾素蓝花皮球珍珠、朱顶紫罗袍，虽然成功培育出来，但因为纯化不够，正品率低，非常容易失传。固然，物以稀为贵，基因不稳定的新种特别珍贵，但是这种奇特的基因组合一旦失去，后人很难恢复，留下说不尽的遗憾。

◎ 命名与分类

　　福州。2016 年 3 月 5 日。为了编辑《中国金鱼图鉴》这部大书，海峡书局邀请了金鱼界部分名家聚会，讨论该书的结构和编排。首先要解决的就是金鱼分类问题。

　　会议一开始，按座位轮流发言，虽然都是熟人，但大家客客气气。谁都知道，这是一个争论多年的棘手问题，一次会议不可能解决。也许，会议只是一个形式。

　　林海说："金鱼分类标准，网上争论了十几年。金鱼不是一个自然物种，还是审美的、人文的物种，基因三五年一变。我们要坚持一个大框架，细节处理要体现简明性。"

　　曹峰说："对，我们要提出一个有弹性的大框架。先把达成的共识列出来，阶段性地归纳，也把争议点列出。"

　　天山雪说："南北的地域差异也要列出，有争论的地方不掩盖。"

陈镇平说："这话题总在吵，好像争论了一千年。10多年前那次《中国金鱼名录》审定会我参加了，我先说说那次的情况。当时我邀请专家们到北京开会，争论就很激烈，最后达成了一个结果，但不少专家都持保留意见。现在看来那是一个阶段性的总结，也很重要。有标准才能良性发展。日本锦鲤是有标准的，但锦鲤比较简单，解决颜色问题就行了。金鱼的变异涉及很多方面，除了体色，还有头型、眼睛、背鳍、尾鳍，等等，非常复杂。希望这次也能达成一个阶段性的共识。"

发言者都很谨慎，高来高去，泛论一些抽象的原则。

轮到何为发言，他就不客气了，说："我是搞生物的，有生物分类学的背景。在我看来，金鱼分类问题，科学方面是没有争论的，很清楚，有争论的是人文的方面。但大家偏爱的也是人文的方面。金鱼分类工作方面有两个里程碑，一是1983年，伍惠生、傅毅远编的《中国金鱼》，天津技术出版社出的，书中有一张'金鱼演化表'，这是我看到的目前最科学的演化表。二是2000年，文化艺术出版社出版的《中国金鱼图鉴》，主编王鸿媛老师是动物分类学家，一群专家订了名录，做得不错。今年是2016年，再做，我觉得很有意义。我觉得我们首先要讨论一个定名的原则，例如是否可以用三段式'颜色＋形状＋学名或俗名'命名，比如五花蝶尾龙晴？我们争一个原则，不争每一条鱼的名字。我们还可以参考天山雪的模式图，解决宽尾、凤尾、裙尾的分歧。我们要超越商业，只讲区别，不讲好坏，勾勒出当今中国的金鱼版图。"

张正农说："金鱼是文化的生物，与自然的生物分类不同。按科学标准，你分得再好，玩鱼的人觉得不对，就没意义。比如十二红，按生物学是不能单独分类的，但玩鱼的人有这个需要。还有地域差别怎么办？如武汉的猫狮，不就是狮头或虎头吗？但大家约定俗成，也有它的道理。"

叶其昌说："期待这本书比以前的好一点，把中国现有的金鱼品种都收录进去，如广东清远的琉金、如皋的蝶尾、武汉的猫狮，甚至日本、泰国的一些品种。至少做一个阶段性的总结，留下记录。"

杨小强说："金鱼的分类问题，是自然科学的和人文科学掺和在一起变得复杂的。王鸿媛老师的观点，我很赞同。如今的问题是把花色和形态混在一起了。花色不适合做品种分类的依据。不过花色很多，形态其实有限。形态就像几堆积木，这个和那个杂交，于是有了这个那个形态。"

林海说："金鱼的变异就那些，头眼身尾鳞等，每个部位变异就四五种，就像积木，可以随意组装。把零件搞清不难，大种也就十几种。至于花色有多少种，你根本就搞不清，光红白就可以分出四五十种，意义不大。文草龙蛋的分类有问题，逻辑不通，要被推翻。"

何为说："传统把金鱼分为文草龙蛋四大类，的确不好。比如有 4 个箱子装金鱼，前两个箱子空空荡荡，后面两个箱子又装太满，更糟糕的是有的品种不知塞哪个箱子好。水泡有扯旗的，光背的，兰寿也有扯旗的。"

曹峰说："解决重复分类的难题，唯一的办法是先分文形和蛋形，二分法，其他形态都放二级目录。"

杨小强说："这样会泯灭了金鱼进化史。"

林海说："分类是空间维度的概念，不要和金鱼演化史混为一谈，那是时间维度的。"

曹峰说："二分法比较简明，只关心变异，不关心进化史。我们先按有没有背鳍，划分出文鱼和蛋鱼两个大类；有没有背鳍，这个标准很清楚。二级目录里再各自分成基本型、头型变异、鳞片变异、眼型变异、尾型变异、体型变异等。三级目录具体到品种，比如头型变异有虎头、狮头、鹅头等，眼型变异有龙睛、水泡等。这样可以解决重复的问题。任何一条金鱼，都可以准确地找到它的位置。比如鹅头红，就属于蛋鱼头型变异里的鹅头型。又如蝶尾龙睛，是一种复合变异，可以归到

文鱼尾型变异里的蝶尾，也可以归入文鱼眼型变异里的龙睛，但它的观赏重点在尾型，我觉得归入蝶尾更好。"

在金鱼的各种分类法里，二分法最激进，彻底打破传统的草文龙蛋四分法；但这也是最简明、逻辑性最强的分类法。曹峰一开始就抛出这个极端方案，其他渐进的方案因为破绽较多，几乎没有讨论的空间。在座的每一位都曾经无数次思考过这问题，深知各种方案的优劣，是否赞同，只是取决于决心。会议顺利得出乎意料，很快取得了共识。

叶其昌说："不知业界能不能接受，我担心到时候网上骂声一片。我们要做好挨骂的准备。"

金鱼的命名和分类，是一个长期困扰金鱼界的问题。

金鱼的品种，与农牧业上所说的品种不大一样。农牧业说的品种，基本都是纯种，必须要有比较稳定的遗传性状，后代要达到一定的种群数量，才有经济价值。而所谓的良种，更要求优良经济性状遗传稳定在 95% 以上。例如江西的兴国红鲤、婺源荷包红鲤，遗传性状非常稳定，才作为优良品种在农业上推广。但金鱼的遗传很不稳定，即使是提纯上百年的一些品种，例如龙睛、水泡、朝天眼、绒球、虎头，也会出现比较大的分离现象，正品率很少超过 90%。如果按照农牧业的纯种定义，金鱼只有变异，几乎没有品种。

在体色方面，金鱼的遗传更不稳定。例如五花鱼，从来就没有获得过纯种，因为即使在自交繁殖中，五花鱼的后代也要分离出正常青灰色、五花和透明三种类型，比例为1∶2∶1，可见它是一种杂种鱼，性状不能真实遗传。但金鱼界仍然把五花鱼当成一个品种。又如著名的十二红、朱顶紫罗袍，遗传的比例甚至低于1%，但养殖业者把它们精心挑选出来，命名，并被金鱼界广为接受。金鱼有自己的品种概念。

金鱼的命名比较随意。古籍里很多品种，因为缺乏图像和具体描述，我们已经很难明白其具体形态。明人热衷的"堆金砌玉""落花流水""隔断红尘""莲台八瓣"，清人谈论的"帘外桃花""二姑杞桑""玉岸金坡""玉燕穿波""霞际移飞""梅梢月""醉杨妃"，都是经过文学加工的诗意想象，虚无缥缈，意境空濛，全无要领。民国文人周瘦鹃以词牌取名，如喜朝天（朝天龙）、眼儿媚（水泡眼）、珠帘卷（翻鳃）等；林汉达用词牌描述金鱼的色彩，如满江红(大红)、金缕衣(橙)、玉堂春（白）、青玉案（青）、天仙子（蓝）、拂霓裳（彩色）、水晶帘（透明肉色）、紫玉箫（紫）、混江龙（黑）等，简直就是谜语，美则美矣，如果没有添上注脚，也要让人糊涂。

金鱼的命名还因地而异，同物异名，造成严重的混乱。傅毅远先生曾表示：杭州的元宝红，苏州称鹤顶红；杭州的狮头，上海称虎头；杭州的虎头，上海称堆玉，北京称帽子。非常混乱，实有加以统一整理的必要。

王春元先生举例说："透明龙睛的金鱼，济南称蓝眼龙睛，南京称水晶龙睛，苏州称葡萄眼龙睛，在上海、北京称玻璃龙睛；北京、上海称红头虎头的，在南京称鹤顶红，在杭州和南昌称元宝红。"他还引证说，早在1925年，陈桢先生就已经指出这种混乱："根据中国金鱼饲养者与玩赏者认为，头型有四类型：虎头、蛤蟆头、狮头和鹅头。在这四类中只有'鹅头'一名有固定的应用；其他三型头的任何一型在此地的饲养者指这样的东西，在另外地方的饲养者又指另外的东西。所以扬州饲养者称为'虎头'的，南京的饲养者称为'蛤蟆头'；南京饲养者称为'狮头'的，上海饲养者称为'虎头'。"（转引自王春元《金鱼的变异与遗传》）

狮头与虎头，是中国金鱼最重要的两大头型，偏偏在这个问题上，各地称呼不但混乱，而且颠倒，严重影响了金鱼文化的交流。关于狮虎争议，许祺源先生在《金鱼饲养百问百答》（江苏科技出版社，1984）中有详细论述，他的观点出人意料，说干脆狮虎一家，统一命名为"寿星头"更好。他的观点如下：

"目前，国内对虎头、狮头的品种特征和命名尚未统一。南方习惯称之为'老虎头'，北方习惯称之'狮头'，有的还称之'寿星头'等。根据资料的查阅和前辈的介绍，笔者认为虎头和狮头应属同一品种，其特征确实很难区分。目前命名的不一，纯属各地的习惯叫法不同。有的介绍说'老虎头'头部包裹一层薄而平滑的肉瘤；有的介绍说'老虎头'顶部生有许多发达的小肉瘤，长满头、嘴和鳃部，连眼和嘴也陷入肉瘤；还有的介绍说尾鳍长的称狮头，尾鳍短的称虎头等等。我们认为其头部肉瘤的发达丰满与薄而平滑，长及嘴、鳃与否，头上有无'王'字肉纹，或尾鳍的长短，这些都只能说是品种的纯正程度和变异选种中的差异，而以尾鳍长者成狮头、尾鳍短者称虎头之说似乎无多大道理。曾记得20世纪50年代的'老虎头'鱼头上肉瘤凹纹确有形成'王'字形。正面看上去真有像寿星翁的前额特别发达之感，也确曾被誉为'老寿星'，在国内外享有盛名。为此，笔者以为不如让虎头、狮头并家，统一命名为'寿星头'（俗称虎头、狮头），倒可以使此以名称像'鹤顶红'一样富有中国民族特色。"

接触金鱼，我一开始就被虎头和狮头折腾得晕头转向。南京人告诉我，狮头顶瘤、鳃瘤、鬓瘤都很发达，圆得像个菊花头；虎头只有顶瘤发达，鳃瘤和鬓瘤都不发达，比较方正。问题是很多鱼的头瘤介于二者之间，难以分辨，这办法不实用。

北京人告诉我，不管它的头瘤了，看它有无背鳍，虎头是蛋种鱼，没有背鳍；狮头是文种鱼，一定有背鳍。这个方法简单实用，虎狮之别，判若云泥。但是用这方法，也会发现一大堆问题：福州的寿星，原来就是虎头；兰寿也是虎头的一种；浙江人把狮头搞错了；武汉的猫狮，正确的称呼应该是猫虎……

我有点怀疑，是不是北京人自己搞错了，才发现天下人都错了？

　　回头读文献，发现北京人果然错了。按清人宝奎的《金鱼饲养法》的说法："蛋鱼，此种无脊刺，圆如鸭子。……又有一种于头上生肉，指余厚，致两眼内陷者，尤为玩家所尚，以身纯白而首肉红为佳品，名曰狮子头，鱼愈老，其首肉愈高大。"可见在古人看来，狮子头才是无背鳍的蛋种鱼，北京的王字虎头，更恰当的称呼其实是"王字狮头"。直到20世纪上半叶，南方地区仍然延续传统，把头瘤发达的蛋种金鱼称为寿星或狮子头。林汉达在1938年出版的《金鱼饲养法》说："头如喇叭狗，顶上有肉块，犹如老寿星，狮子头又名堆肉。以背脊无鳍，尾巴短小，身成圆球形，堆肉高厚而整齐者为名贵。"这种观点流传海外，至今，欧洲人还把头瘤发达的蛋种金鱼称为"狮子头"，日本古籍《鱼虫谱》也把蛋种的"卵虫"称为"狮子头"。

金鱼命名的混乱造成很多问题，其中之一是如何看待品种数量。例如龙睛是否算一个品种？要区分墨龙睛、紫龙睛、蓝龙睛、红头龙睛、红白花龙睛、五花龙睛吗？但陈桢先生的确把蓝、紫色金鱼的出现当成了两个新品种。又如，既然琉金、蝶尾、狮头都有十二红，如果把十二红当成一个品种，岂不是多出一种？在分类体系比较完善之前，讨论金鱼有多少品种只有相对的意义。

20世纪80年代初，杭州动物园的傅毅远先生统计全国金鱼有100多种；后来，山东农业大学动物科技学院宋憬愚教授统计金鱼200多种；中国科学院遗传研究所王春元教授加以补充，增加到280个品种；根据北京自然博物馆王鸿媛教授主编的《中国金鱼图鉴》，至2000年，中国有记录的金鱼品种共565种——他们使用的统计标准可能颇有差异，很难进行比较。

有一种观点认为，如果我们弄清金鱼的演进史，就可以对金鱼进行分类了。相关研究非常专业，我下载了一大堆论文，很多地方读不懂。我只能就自己所理解的部分，大致勾勒一下这些研究的脉络。实际上，金鱼的演进史本身也存在争议。

1959 年，李璞先生发表《我国金鱼的品种及其在系统发生上的关系》，对 20 多个品种进行分析研究。按他的观点，金鱼的演进路线为：鲫鱼—金鲫鱼—草金鱼—分化为龙睛、文鱼和蛋鱼。他认为："野生的鲫鱼首先演变出橙红色的金鲫鱼和有双尾的草金鱼，以后又分别发展成龙睛鱼、文鱼和蛋鱼等。这就是我国一般金鱼玩赏者所熟知的草、龙、文、蛋等四类金鱼。由龙睛鱼除去演变出各种龙睛金鱼外，还形成了朝天眼和龙睛绒球。这一品种是我国所特有，现在尚未引入国外。由文鱼又演变出两名贵的品种，即鹅头和珠鳞，后者也为我国所特有，现在尚未引入国外。由蛋鱼经过一系列变化，形成了水泡眼、小泡眼、反鳃、狮头、红头等品种。这些品种中，除狮头以外，均尚未向国外引出。"

徐金生等（1981）主张，草金鱼向两个方向（有背鳍和无背鳍）分歧，形成龙种鱼和蛋种鱼两大家族，并各自变异为不同品种。演进路线为：金鲫鱼—草金鱼—龙种和蛋种。

王占海等（1982）认为，金鲫鱼发展到文鱼后，再发生分化，其中一只演化为蛋种鱼类，另一支演化为龙种鱼类。其演进路线为：金鲫鱼—文鱼—分化为蛋种和龙种。

梁前进等（1994）称，他用电泳技术对金鱼系统发生进行研究，得出结论："野生鲫鱼首先演化为金鲫，再演化为草金鱼，通过金鲫、草金鱼两个环节后发展为文种鱼，最后演化成龙种鱼（如红龙睛）和蛋种鱼（如红头蛋鱼）两个关系很近的类型。"王晓梅等（1999）利用RAPD分子标记技术探讨金鱼的系统演化，得出结论为："草金鱼形成后，首先演化为文种金鱼，之后由文种鱼演化为龙种和蛋种两个亲缘关系很近的品系。"这两项研究的演化路线均为：金鲫鱼—草金鱼—文鱼—分化为蛋种和龙种。

牟希东等（2007）也采用RAPD分子标记技术对5种金鱼进行研究，得出结论："草金鱼与红龙睛、鹤顶红与黑寿有较近的亲缘关系；草金鱼与黑寿遗传相似度最小；如果按照遗传距离由亲到疏排列，依序为草金鱼、红龙睛、水泡、鹤顶红和黑寿。"这项研究勾勒出的演化路线似乎为：草金鱼—龙种鱼—分化为文种鱼和蛋种鱼。

关于金鱼的系统演化，学术界还在进行更深入的研究，有一日终将彻底厘清。兹引王春元先生（《金鱼的遗传与变异》，2007）的一段话来总结：

"野生鲫鱼首先演变出金鲫系。从金鲫系中分化出三尾和双尾鳍，且具有各种颜色的草金鱼。但体形未变，还是鲫鱼的体形。以后又分化出龙系、文系和蛋系。由龙系除演变出各种颜色的龙眼品种外，还形成了龙球系、龙鳃系和朝天龙系。由文系又演变出文球系、文鳃系、珍珠系和高头系。由蛋系经过一系列的变异，形成了泡眼系、蛋球系、蛋鳃系和虎头系。然后在这些品系的基础上发生变异或各个品系间或品系内进行杂交，形成性状更加复杂，多个性状组合在一起的品系，构成了当今如此丰富多姿的金鱼品种。"

按照他的观点，最初的演进路线为：金鲫鱼—草金鱼—分别形成龙睛、文种和蛋种。

我们回头考察传统的金鱼分类方式。一般认为，金鱼分为草种、文种、龙种和蛋种四大类。这种分法存在两个问题：一是多寡不均，轻重失衡。草种金鱼只有一种，其他数百种都集中在文种和蛋种。二是划分标准不一，导致重复。其中文种和蛋种是根据有无背鳍来划分的，龙种是按照眼球是否凸出来划分的，造成许多品种两可。比如蝶尾按道理该归入文种，但它又是龙睛，应当归入龙种。从逻辑上说，草文龙蛋四类分法存在严重缺陷。

解放后，金鱼界人士提出了多种金鱼分类方法，包括两类分法（文种和蛋种）、三类分法（文种、龙种和蛋种）、五类分法（金鲫种、文种、龙种、蛋种和龙背种），徐金生等在《金鱼》一书中，甚至把金鱼分为13大类（龙睛、绒球、帽子、虎头、红头、翻鳃、水泡眼、望天眼、狮头、丹凤、珍珠鳞、透明鱼和文鱼），都没有成为主流。

　　传统捉襟见肘、衣不蔽体，但大家还没达成穿哪件新衣服的共识，只好一仍其旧。

　　五类划分标准是傅毅远先生1981年提出的。在《关于我国金鱼品种演化及系统分类的初步意见》一文中，他说："根据动物进化的先后次序并结合笔者三十多年的实践经验，认为金鱼应以体形和鳍部变化作为一级分类标准，其次为眼球变化，最后为外部其他特征。而鳞片结构，由于每种金鱼均可能有四种鳞片，凡普通鳞片均可出现所有的色彩，则不作分类依据。对于具有两种以上特征的品种，为了简化分类，可根据变异比较突出的部分划分类型。按照这一原则，金鱼似可分为五类29型。"

　　按照他的划分标准，金鱼分为金鲫、文金、龙金、蛋金、龙背金五大类。

　　1.身体扁平、纺锤形、具有背鳍、尾鳍单一者属于金鲫类（包括短尾型、长尾型）。

　　体型缩短、尾鳍分叉为四的金鱼又分为四类：

　　2.有背鳍者为文金类（包括文鱼型、堆玉型、虎头型、绒球型、翻鳃型、扯旗水泡眼型）；

　　3.有背鳍且眼球凸出者为龙金类（包括龙晴型、虎头龙晴型、龙球型、龙晴翻鳃型、扯旗蛤蟆头型、扯旗朝天龙型、灯泡眼型）；

　　4.无背鳍者且眼球平直为蛋金类（包括蛋鱼型、蛋凤型、鹅头型、狮头型、蛋球型、蛋种翻鳃型、水泡眼型）；

　　5.无背鳍且眼球凸出者为龙背金类（包括龙背型、虎头龙背型、龙背球型、蛤蟆头型、朝天龙型、龙背翻鳃型、龙背灯泡眼型）。

　　在我看来，傅毅远先生的分类非但没有简化问题，反而增加了问题。他同时运用了体型、尾鳍、背鳍、眼型等多重标准划分大类，结果更加复杂。因而很少人接受他的分类法。事实上，完全可以把龙金类归入文金类，把龙背金类归入蛋金类，将"眼球凸出"降为二级分类标准。

王春元先生也一直在努力，推广自己的金鱼分类法。在《金鱼的变异与遗传》一书中，他把金鱼按体型和背鳍的有无首先划分为草族、文族和蛋族三大类。他解释说，之所以用"族"而不用"种"，是为了避免被人误解为不同的物种；"龙族"被取消，因为该类品种按背鳍之有无可以分别编入文族和蛋族；草金鱼因为体型与文族差异较大，与野生鲫鱼接近，故单列一族。

按照他的方法，体型、背鳍变异属于一级分类标准，眼型变异属于二级分类标准，头型、眼型变异属于三级分类标准。大框架如下：

1. 草族：平头草族—窄平头型—金鲫系。

2. 文族：常眼文族（包括平头型、鹅头型和狮头型）；龙眼文族（包括龙眼型、朝天眼型）；泡眼文族—水泡眼型—鳍泡系。

3. 蛋族：常眼蛋族（包括平头型、鹅头型和狮头型）；凸眼蛋族（包括平头型、凸眼狮头型和朝天眼型）；泡眼蛋族—水泡眼型。

我这里仅简单列出其三级分类目录。事实上，第四级第五级才落实到具体品种。例如王字虎头，属于蛋族、常眼蛋族、狮头型、虎头系下面的红虎头；至于常说的蝶尾，由于没有以尾型作为分类标准，就得用它的眼型（龙睛）去检索，属于文族、龙眼文族、龙眼型、龙系、龙睛蝶尾。

王春元先生的分类法逻辑性较强，分门别类，基本不会出现重叠现象。缺点是层次太多，比较繁琐；第二级和第三级都使用了眼型作为分类标准，显得重复；有些重要变异如尾型、鳞片没有单独列出，使用不便。因此他的分类法也很少被人采用。

现在我们回到海峡书局召开的"中国金鱼图鉴专家讨论会"上，曹峰提出的两类法方案，既简明、又逻辑性强，获得了绝大多数与会专家的赞同。该方案的特点是：以背鳍有无为第一级分类标准，把金鱼分为文形和蛋形两种（有背鳍的草金鱼归入文形）；再以头型、眼型、尾型、背峰、鳞片、鼻膜等部位变异为第二级分类标准；复合变异则以观赏重点为主。

按这种分类法，金鱼分文鱼和蛋鱼两大类。

其中，文鱼分6小类：

1.头型变异：鹅头型（包括鹤顶红、龙睛鹤顶红）、虎头型（包括高头、龙睛高头、高头球、龙睛高头）、狮头型（包括狮子头）、龙头型（包括日本东锦）

2.眼型变异：龙睛眼（包括龙睛）、水泡眼（包括扯旗水泡）

3.尾型变异：蝶尾（包括文蝶、蝶尾龙睛）、孔雀尾（包括日本地金）、心型尾（英国布里斯托）

4.背峰变异：背凸起（包括琉金、高身龙睛）

5.鳞片变异：鳞片石灰质凸起（包括珍珠鳞、龙睛珍珠、皇冠珍珠、龙睛皇冠珍珠）

6.鼻膜变异：鼻膜发达成球状（包括文球、龙睛球）。

蛋鱼分6小类：

1.头型变异：鹅头型（包括鹅头红）、虎头型（包括虎头、龙睛虎头）、狮头型（包括中国兰寿、虎头、寿星、猫狮、龙猫、龙寿）、龙头型（包括日本兰寿、泰国兰寿）

2. 眼型变异：龙睛眼（包括蛋龙、蛋龙球）、水泡眼（包括水泡）、蛤蟆眼（包括蛤蟆头）、望天眼（包括望天、望天球）

3. 鳞片变异：石灰质凸起（包括蛋珠）

4. 下颌变异：下颌形成水泡（包括戏泡）

5. 鼻膜变异：鼻膜发达成球状（包括蛋球、虎头球）

6. 无变异：蛋鱼、蛋凤、日本南京

我觉得，与其对传统的金鱼分类标准修修补补，最后仍不免捉襟见肘，露出破绽，还不如推倒重建。两类法在逻辑上最为严谨，同时以可明确辨识的金鱼性状变异为分类标准，科学性较强，的确是一种较好的分类方法。

我有个想法，两分法其实还可以再进行简化。举个例子，人类分男女两大类，但政府公布会议成员名单，并不分男女两类，而是以男性为基本类，在女性的后面附注"（女）"。实际上，金鱼如果只分文蛋两类，完全可以仿照此例，以文鱼为基本型，把头型、眼型、尾型、背峰、鳞片、鼻膜、下颌等变异升为一级类目，然后，只需在每种蛋鱼后面加注"（蛋）"，就解决了问题。如此，可以再简化一个分类层级。

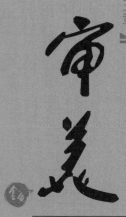

第三章

审美

金鱼是中国人按照『造物』三原则（新奇、优美、祥瑞）创造出来的审美尤物，以民间神话传说为原型，体现了中国人的热烈想象力和艺术精神。她让我们觉得亲密，血脉相通，仿佛带有华夏民族的基因。

创造一个中国物种

　　我家附近的商场负一层，有个小小的水族摊位，方形玻璃鱼缸里游着一些色彩艳丽的热带鱼、锦鲤和金鱼。那锦鲤实在太袖珍了，颜色很花，我起初还以为是草金鱼。二三十尾小金鱼，多数是红白长尾草金，掺杂着几只狮子头、鹤顶红和墨龙睛。店主是个中年人，自称老杨，对我说："买只'鸿（红）运当头'回去吧，讨个好彩头。特价 16 元。"

　　他说的"鸿运当头"指的是鹤顶红，全身雪白，唯独头顶有块红色的肉瘤，有背鳍，尾鳍长而薄，像是半透明的纱裙。凤尾鹤顶红是比较流行的品种。但是这条鱼，身长约 4 厘米，尾长不及身长，比例不大好看。

我对那只墨龙睛很感兴趣。全身漆黑，惟腹部的黑度略浅，但是焕发出黑绒布的光泽；双眼凸出，看不清眼球，只觉得仿佛头部长了一对钝角；尾巴是"八"字一样斜立的双燕尾，又像两把柔软的布剪刀。虽然是地摊上10元一只的低档金鱼，但保存了龙睛的基本性状，我想若是宋人看到这样一尾龙睛，必定会满城轰动，立马进贡到皇宫。我们之所以觉得平常，只是因为它的基因已经稳定，鱼场能够成千上万产出了。

"只有这几种吗？没有兰寿、琉金、虎头？"我打听更名贵的金鱼。

"厦门养金鱼的不多。兰寿卖完了，没补货。我们公司在海沧，你想要什么，我明天带过来。"老杨说。

"我常出差，就怕把它们饿死了……"

"金鱼最好养，怕撑不怕饿。"他说，"十天半月不吃没问题。常换水，偶尔十天半月没换也行。"

我花了62元钱，买了一个稍大的玻璃缸，两只小金鱼，一小袋饵料，提回家去。我的计划是，等这些饵料用完，如果金鱼还活着，我就再买个水族箱，正儿八经地买几只好鱼饲养。直到目前为止，我得到的信息十分混乱，许多人告诉我金鱼难养，有的人——像这位老板——说金鱼很好养。我就冒次险吧。

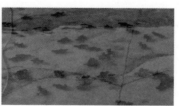

　　我试图在金鱼身上寻找他们祖先鲫鱼的影子。没有，几乎没有半点痕迹。从头至尾，每一处都发生了改变。鲫鱼很单纯，几乎千篇一律灰黑色，尖头、纺锤形身体，双叶燕尾。金鱼是华丽的，身材短圆，方头，高瘤，尾鳍长而飘逸，五彩斑斓。据说有些外国人会被龙睛凸起的双眼吓到，但我早已从民间绘画中熟悉了龙的形象，觉得这样才神奇；凤尾鹤顶红让我想起古籍中描绘的古典仕女，身姿袅娜，长裙飞舞。虽然是第一次养金鱼，但我觉得，它就是一个民族物种，与中国文化息息相关。

　　在一位同事家里，看见阳台上的鱼缸里有几条小金鱼，还有简单的气泵。"这是草金啊，还有丹凤，常见的品种。在地摊买的吧？"我说。发现别人在养更低端的金鱼，我的自信心回来了一点。同事说："你认得什么品种吗？我都不知道。朋友送了个鱼缸，就随便买了几条鱼，几块钱。"他是另一种"菜鸟"养鱼者，不在意金鱼的历史、文化和品种。只要盆中有鱼———一种活泼、温驯而漂亮的宠物———就行。

　　我见过很多好鱼，也有不少抽象知识，决心好好养鱼，把金鱼收编为家庭一员。我认真换水、投食，每天醒来的第一件事就是查看金鱼，工作累了，就来到鱼缸边盯上一阵。麻烦的是，金鱼感受不到我的决心和爱意。我投下 10 粒饵料，全被那只活泼好动的凤鹤吞下了，体型稍大的墨龙睛潜在水中，眼睛虽大，看也不看食物一眼。如此四五天，我慌了，跑去水族摊位找老杨，说一条要饿死，一条要撑死。老杨说没关系，金鱼不吃能活十天半月呢，给你点新饵料，说不准它挑食。

  我怀疑老杨不懂金鱼。细看他的水族箱里，大部分是小锦鲤和其他观赏鱼，金鱼不过其中的十分之一；仅有的一二十头小金鱼，品种有限，有的还尾鳍残缺。但附近没有第二家金鱼摊。我回去将两头金鱼分开养，凤鹤现在不得不节食了；墨龙睛对新饵料也没兴趣，偶尔吞进去又吐出来，像是有意绝食。

  第7天早上，我就从鱼缸里捞起了墨龙睛的尸体。我想它大约不适应环境，被我这个外行饿死了，颇为内疚。那鱼缸为鹤顶红独有，我想现在它氧气充足，食欲旺盛，一定活得有滋有味。我真吃惊啊，第二天又捞起了凤鹤的尸体。看着空空的鱼缸，连害两命，我感到十分沮丧。

  我向老杨报告金鱼的死讯，他说怎么会呢？你再拿两条，便宜给你。神使鬼差，看到一条酷似蝶尾龙睛的鱼，我忍不住又带了回去。有时，我会在鱼缸边静静呆上十几分钟，看它在水中悠游。那双鼓凸的眼睛会看到什么呢？它的世界是怎样的？为什么会与我相遇？它拖着一对漂亮的蝶翅轻盈飘舞，柔情似水，风情万种。我又觉得，它仿佛来自另一个星球，具有一种超现实的美。

  可是，第10天早上醒来，又发现了金鱼的尸体。我收起鱼缸，不养金鱼了。

金鱼首先是一种生命，一种通晓人类情感的宠物，一种脆弱而美丽的尤物。它的形态，仿佛带有我们民族的基因，让我觉得亲密，有种血脉相连的感觉。死生之事大矣，何况是有情之物，很少人能够从容面对。半年后再去同事家里，见他的金鱼仍然活蹦乱跳，我却已经养死了三条，不禁感到惭愧。养活金鱼才是硬道理。我大约是有史以来最失败的养鱼者。

在我老家闽西北，鲫鱼是常见的食用鱼，被称为"鲫巴子"，因为它体型小，通常只有三四指粗，大不过一巴掌。鲫鱼肉嫩味美，用来炖汤，乳白的汤汁浓稠甘甜，民间传说能够发奶，妇女坐月子食用最好。我不知道金鱼的滋味。谁吃过金鱼呢？

人类很早就开始驯养动物，马、牛、羊、猪、鸡、鹅的家养史都有数千年，成为源远流长的原始农业的一部分。驯化家畜都有经济目的，要么利用畜力，要么获取皮毛、肉脂。除此之外，人类还豢养猫狗、乌龟、蟋蟀、鹦鹉、金鱼等宠物，满足情感上的需求。如何对待家养动物，存在着一套文化规范、约束。羊、猪是提供肉乳的，我们一般不让它们驮运；猫、狗是陪伴我们的，许多人反对它们被食用；金鱼也是如此，只要你还有其他食物，就难以下咽。

古籍里偶尔可以看到人们食用金鱼的记录。例如，晚清郭柏苍的《闽产录异》载："盆鱼味极腥，以桐油炸之，则芬芳可口。前辈黄孝廉文江曾炸金鱼十千文，一日啖之。"这位黄举人发明了油炸金鱼，斯文扫地，是煮鹤焚琴一类的恶心事。

金鱼曾经入药。李时珍《本草纲目》称金鱼肉的气味"甘、咸、平，无毒"，可治疗"久痢噤口"。他从《医方摘要》抄来一个方子："用金丝鲤鱼一尾，重一二斤者，如常治净，用盐、酱、葱，必入胡椒末三、四钱，煮熟，置病患前嗅拱。"原来，他指的药用金鱼是金色鲤鱼，还不是吃肉，而是让病人闻闻鱼汤香气。

据郑逸梅《金鱼一夕谈》，民国年间，上海金鱼界名流吴古人、邱良玉、郑正秋、朱人可、薛寿龄、张梦周等人聚会，谈到一个金鱼药方："炙金鱼成灰，研之为末，可治黄疸及水臌，可奇效。"《金鱼图谱》主张"金鱼于世无功"。奇怪的是，该书接着就介绍了一个"误服洋土"的残忍方子，说是"取鱼捣如泥，灌服引吐可解毒，有效"。"洋土"指的应该是鸦片。总的来说，传统医学家很少开发金鱼的药用价值。

从食物、药材到宠物，金鱼成功地完成了身份转换，逃脱被烹煮、捣烂的命运。张潮《幽梦影》称："鳞虫中金鱼，羽虫中紫燕，可云物类神仙。正如东方曼倩避世金马门，人不得而害之。"有个名叫江含徵的人评注说："金鱼之所以免汤锅者，以其色胜而味苦耳。"他还讲了个故事，从前有人重金搜罗金鱼名品，送给知县当礼物，过几天知县告诉他："贤所赠花鱼，殊无味。"原来他已经煮吃了，还嫌金鱼无味。鲫鱼原来是甜的，为什么江含徵说金鱼"味苦"呢？我猜他用心良苦，想告诫贪婪食客金鱼没什么好吃的。江含徵不知道，人们不吃金鱼，并非因为它味苦，而是因为文化禁忌——我们不食宠物。

张潮那句话很有哲理。他的意思是：珍禽异兽，藏在深山老林也不免杀身之祸；但养在庭院的金鱼，屋檐下筑巢的紫燕，却得以保全自身；二者都是物类中的神仙。这有点像东方朔，不隐居山林，相反却避世于杀气最重的宫廷，仍然得以全身。这就是古人常说的大隐隐朝市的道理。从这个角度看，金鱼的生存智慧，就是示之以柔弱，登堂入室，性命相托，倒是彻底消弭了人类的杀机。即使在宠物里，金鱼也是最没用处的动物。狗会护院，猫能捕鼠，鹦鹉有学舌之趣，蟋蟀有斗胜之乐，然而一尾悠游水池的金鱼能干什么？你得不断喂养、换水，为它操劳；你不耐烦，它肚皮一翻，死无怨言。

金鱼为什么会成为宠物？这与中国的文化传统有关。《庄子》记载了一段著名的对话，看到鱼群在濠水游动，庄子感叹说："儵鱼出游从容，是鱼之乐也。"惠子反问道："子非鱼，安知鱼之乐？"庄子则反问说："子非我，安知我不知鱼之乐？"我们且不去讨论这里面的认识论问题，重要的是，游鱼的自由与快乐，能被人类感知，或者被人类自以为感知到。庄子像是诗人，懂得欣赏另一种生命之美，惠子则是冷冰冰的逻辑学家。

"沿桥待金鲫，竟日独迟留。"北宋初年，诗人苏舜钦到了六和塔寺，只为了看一眼放生池中金鲫鱼的身影，不惜苦苦等待。在诗人与鱼之间，似乎存在着某种心灵契合；抑或诗人在鱼身上，发现了自己的心灵？明人张谦德喜欢盆养金鱼，他说："余性冲淡，无他嗜好，独喜汲清泉养朱砂鱼。

时时观其出没之趣，每至会心处，竟日忘倦。"古人观赏金鱼，并无功利目的，其实是一种审美活动——在静观中感受到精神上的愉悦。不妨说，金鱼是一种审美宠物。

中国人蓄养金鱼，主要是因为它生动优美，点缀家居，并且吉利讨彩。很多外国人注意到这种宠物。1693 年，俄国沙皇彼得一世派遣荷兰人伊台斯为首的使团从陆路经西伯利亚访华。根据使团报告描述，他们在北京一家服装店购物时，看到了金鱼："店主家有一座美丽的花园，花盆里种着各种花、灌木和柠檬树。在给我看的许多东西中，有一盛水的大玻璃缸，手指长的小鱼在水中游来游去。它们天生的颜色就像镀了金一般，有的鱼脱落了几片鳞，身体是鲜红色，真令人惊讶。"

1714 年，意大利耶稣会士利国安从福建写信回国，向德泽阿男爵介绍说："有种金色的鱼叫金鱼（*Kim-yu*），这种鱼在王公和宫廷大吏的宅子内增添美感，或养在中厅的小池中，或装在容器中装饰正厅。还有红色的，尾部有三叉，还有金色、银色的，有白色带红斑的。金鱼动作快得惊人，喜欢在水面上游。"入境随俗，利国安说他们的教堂里也养了金鱼。

那么，古人从金鱼中能够获得哪些乐趣？拙园老人是清末金鱼玩家，晚年著有《虫鱼雅集》，记录自己的心得。他说自己从小喜欢虫鱼，幼年时被塾师责怪"玩物丧志"，被迫远离兴趣，专心功名举业；退休后闲居在家，他才开始凿池蓄养金鱼，"日日早起，为渠供驱使"。在他看来，金鱼是闲静幽雅之物，居家饲养，有清心、益智、怡情的功能。他把该书序言作成了金鱼赞美诗，内容一般，用的却是华丽的骈文：

"夫盆鱼，别一种也。质本清奇，形尤古异。其形也飘飘，其鳞也细细。意多平淡，色自鲜妍。跃则艳影扶摇，潜则清神定静。无半点俗尘之气，具一番幽雅之容。故人爱而喜蓄之，取其清清之意耳。于是，或凿池于园里，或引水于石间，或养之亭台，或设之院宇。盈盆灿烂，暎水澄鲜。……翩翩乎致本悠然，栩栩焉态何活也。审鱼之游泳，大可悟活泼之机，得澄清之趣。若于风前雨后，月下花间，领略赏观，益人神智，怡人性情处，当不少也。昔武侯临池边而画治安之策，庄子

观濠上而遣风雅之怀。鱼岂非益智怡情之物乎？"

　　简单地说，养金鱼是中国文人士大夫的一种生活艺术。在这一审美活动中，人们可以怡情养性、观照自然和领悟生命。

　　每个人从金鱼中获得的乐趣是不同的。现代作家周瘦鹃是个不可救药的金鱼迷，曾写过一篇《养金鱼》的文章，自述养鱼痛史：

　　"我在对日战争以前，曾经死心塌地地做过金鱼的恋人，到处搜求稀有的品种、精致的器皿，并精研蓄养与繁殖的法门，更在家园里用水泥建造了两方分成格子的图案式池子，以供新生的小鱼成长之用，可谓不惜工本了。当时所得南北佳种，不下二十余品，又为了原名太俗，因此借用词牌曲牌作它们的代名词，如朝天龙之'喜朝天'，水泡眼之'眼儿媚'，翻鳃之'珠帘卷'，堆肉之'玲珑玉'，珍珠之'一斛珠'，银弹之'瑶台月'，红蛋之'小桃红'，红龙之'水龙吟'，紫龙之'紫玉箫'，乌龙之'乌夜啼'，青龙之'青玉案'，绒球之'抛球乐'，红头之'一萼红'，燕尾之'燕归梁’，五色小兰花之‘多丽’，五色绒球之‘五彩结同心’等，那时上海文庙公园的金鱼部和其他养金鱼的人们都纷纷采用，我也沾沾自喜，以为我道不孤。……不道‘八·一三’日寇进犯，苏州沦陷，我那二十四缸中的五百尾金鱼，全都做了他们的盘中餐，好多年的心血结晶，荡然无存，第二年回来一看，触目惊心，曾以一绝句志痛云：‘书剑飘零付劫灰，池鱼殃及已堪哀。他年稗史传奇节，五百文鳞殉国来。’”

鳞虫微物，动乱年代，仍不免与主人一样，惨遭国难家患，让人感伤。最有意思的是，作者煞费苦心，用优雅的词曲牌名给金鱼品种重新命名。周瘦鹃古典文学修养深厚，命名妥帖精彩，让人大为叹服。我突然意识到，与宋词元曲一样，金鱼也是深具民族心灵和古典美学的中国艺术。

一尾金鱼，其实就是一阕小词、一曲小令，经过无数代能工巧匠的雕琢，玲珑剔透，优美隽永，散发出强烈的东方美感。

金鱼的基因不大稳定，变异较多，可塑性强，是人类"造物"的最合适的材料。在金鱼的家养史上，众多的养鱼人虽然不解遗传原理，但并不妨碍他们按照自己的观念，对各种基因变异进行人工选择，创造新品种。经过无数代努力，金鱼终于成为一个品系丰富的庞大物种。从某种角度说，中国人是金鱼的造物主。

基督教说，上帝造人，依据的是自己的形象，所以人类能够分享上帝的神性。那么中国人"造物"，依据的原则是什么？与"造物主"相似吗？

我想谈论最重要的三点：新奇、优美和祥瑞。

"造物"的第一原则是新奇。金鱼的养殖者，南宋称"鱼儿活"，并非文人学士，而是社会底层的养鱼专业户。他们没有多少文化，只因权贵人家喜欢供养奇异的金鱼，就开始养殖，供应鱼苗和饵料。早期的金鱼并非专指金鲫，还包括金鲤、金鳅、金鳖等其他鱼种。南宋岳珂《桯史》说："今中都有豢鱼者，能变鱼以金色，鲫为上，鲤次之。"《鼠璞》说："有金银两种鲫鱼。金鳅时亦有之，金鳖为难得。"元《至顺镇江志》称："金鱼，有鲫有鲤。"直到明末，李时珍《本草纲目》犹云："金鱼有鲤鲫鳅鳖数种，鳅鳖尤难得，独金鲫耐久。"可见在最初的三四百年里，养殖者尝试过培育多种变色鱼种，其他选择都失败了，唯有金鲫延续至今。如今的金鱼，专指金鲫的后代变异。

宋元时期的文献谈论金鱼，多以猎奇的眼光描述。如岳珂称金鱼"初白如银，次渐黄，久则金矣"。《梦粱录》说"金鱼有银白玳瑁色者"，《至顺镇江志》说"初生正黑色，稍大而斑文若玳瑁，渐长乃成金色，既老则色如银矣"等等，津津乐道金鱼的神奇变幻。

明末的风尚仍然如此，花色搭配力求稀奇。《帝京景物略》说："其鱼金，贵乎其银周之；其鱼银，贵乎其金周之，而别以管若箍。管者，鬣下而尾上，周其身者也。箍者，不及鬣，周其尾者也。鱼有异种者（白而朱其额曰鹤珠，朱而白其脊曰银鞍，朱脊而白点七曰七星，白脊而朱画八曰八卦），有虾种者（银目、金目、双环、四尾之属）。"金鱼的色彩遗传极不稳定，变异纷繁，在偶然的情况下，会出现一些看上去有意义的花斑，例如鹤珠、银鞍、七星、八卦等图案。同样，因为遗传不稳定，如何把某种图案固定下来传给子代，非常困难。在无数次尝试中，某些不可能的确变成了可能。比如鹤珠(鹤顶红)，雪白的金鱼身上，唯独头顶出现一块红斑，遗传基因已经相当稳定。在鱼池里，你经常可以看到成百上千的小鹤顶红戏水，个个头戴一顶小红帽。

20 世纪，随着现代生物学知识传入中国，金鱼界开始兴起杂交育种的潮流。远距离杂交增大了基因变异的几率，虽然失败居多，但偶尔会出现奇异的性状，深受追新逐异的养鱼人热爱。1935 年，郑逸梅《金鱼一夕谈》记上海金鱼界名流聚会，就有人提出："变种虽多变佳为劣，然有时亦能产生不可名状之鱼。好奇者正不妨姑将一二名种为牺牲品，与寻常之鱼，杂置一缸，以试验之。"

我怀疑这就是吴吉人的意见。民国时期，吴吉人是上海滩的金鱼权威，1934 年就出版过一本《金鱼饲养法》。他自称 1919 年开始饲养金鱼，解放后在上海中山公园金鱼部工作，1956 年出版《金鱼》，居然请动了张宗祥写《金鱼小史》、郑逸梅写《金鱼掌故》助阵。吴吉人曾花三年时间培养出"五彩堆玉"（五花虎头），洋洋自得。

"从前，我有一个奇想，要金鱼生出两条须来，即利用公的鲶鱼（鲶鱼为河滨中的野生鱼）来交配雌的金鱼。因为鲶鱼嘴边有两根很长的胡须。"在《金鱼》一书中，吴吉人透露自己的计划。这想法的确有意思，但实行起来很不容易。

他说，鲶鱼的两肩很强硬，牙齿也很厉害，会伤害同类，所以先要把鲶鱼养在缸池里驯化。好不容易在缸中养活了鲶鱼，也教会它吃红虫和面包屑了，但与金鱼混养，它仍然用铁肩冲撞金鱼，把好几尾金鱼的尾鳍扯破了。他只好分开养，并把鲶鱼撑开的两只肩骨剪去，虽然鲶鱼因痛呼叫，但剪去还是能活。突然，文章戛然而止："等它在黄霉汛中发动交配时，再作试验。现在还没有结果。录之以供参考。"

吴吉人的试验肯定失败了，直到今天，我还没看到嘴边挂两道长须的金鱼。我也怀疑，金鱼可以与鲶鱼杂交吗？无论如何，吴吉人的想法，让我们看到中国金鱼界对新奇品种的执着追求。

在求新求奇的目标下，金鱼的任何一点变异，都会被细心的养鱼人注意到，从而开始定向选育。很多时候他们失败了，而一旦成功，就增加了一个金鱼品种，龙睛、水泡、珠鳞、绒球、翻鳃等都是这样出现的。追求新奇，接受各种艰难挑战，拓展了金鱼遗传基因的可能性，才给今天留下一笔深厚的遗产——丰富多样的金鱼品系。有些品种，完全超乎我们的想象。每次看到望天眼，我都会想，这不就是古人嘲笑的天文学家嘛，走路时还紧盯天空。现实中的天文学家被石头绊倒了，但金鱼中的天文学家，带给我们一种奇幻美。

日本学者熊谷孝良比较中日两国金鱼文化的差异，认为日本人着重美，中国人喜欢品种多。他在《金鱼的科学饲养》一书中写道："中国人对金鱼的改良是科学的，也可以说是理智的。突然变异出来的什么金鱼都抓住不放，而且努力使变异的特征稳定下来。不用说龙金，就是看起来像竖鳞病一样的珍珠鳞，鳃盖转起来而能看见红鳃的翻鳃，色相上青、蓝、褐等形形色色的种类都被稳定下来。"

谈到二战之后，中国金鱼大量输日，熊谷孝良称："中国金鱼的独特色相，珍奇的体型足以使人吃惊。其中虽然也有像红头这样一类优雅的品种，但大部分几乎是脱离日本人以前鉴定金鱼的尺度。"若干年后日本金鱼品种回传中国，其独特而强烈的美感，也引起中国金鱼界的巨大震荡。

对于新奇的追求，给金鱼文化带来了永不衰竭的创造活力。在各地的鱼场，我都看到现代养鱼人，满口生物育种学术语，广泛杂交实验，孜孜以求新种。作为物种艺术家，他们巧夺天工，在每一尾戛戛独造的金鱼身上，打上自己的标记。

"造物"的第二原则是优美。金鱼求新求奇，但是还没有沦为完全以怪为美，这是因为，有另一种力量将养鱼人从无止境的探险召回。金鱼的消费者是皇宫、豪门、富商和殷实大户，主流为受过教育的士大夫阶层。他们是传统文化的捍卫者，相信中庸之道，强调整体和谐，表现在造型艺术中，早已形成了气韵生动、随类赋彩、以形写神、意境天成这样一些美学观念。在这种相对保守的美学框架下，培育过程的"怪力乱神"现象受到抑制，某个新品种，一旦被玩家视为畸形、残缺或病态，便无疾而终。中国的传统美学，塑造出来的只能是一条中国鱼。

　　早在南宋时期，金鱼就已经出现了红色、白色和花斑三种颜色。可是直到明清，虽然各种花色可能都已出过，但是没人重视，玩家独钟红白，围绕着红白体色分布，建立起一个非常完善的金鱼审美体系。张谦德《朱砂鱼谱》称，自己一生酷爱朱砂鱼，过眼不下数十万头，所以特地请画工描绘下一些极品，他描述的是这样一些金鱼：

　　"有白身头顶朱砂王字者；首尾俱朱腰围玉带者；首尾俱白腰围金带者；半身朱砂半身白，及一面朱砂一面白作天地分者；满身纯白，背点朱砂界一线者，作七星者、巧云者、波浪纹者；满身朱砂，皆间白色作七星者、巧云者、波浪纹者；白身，头顶红珠者、药葫芦者、菊花者、梅花者；朱砂身，头顶白珠者、药葫芦者、菊花者、梅花者；白身，珠戟者、朱缘边者、琥珀眼者、金背者、银背者、金管者、银管者；朱砂白相错如锦者。种种变态，难以尽数。"

　　他描绘得天花乱坠，其实非常简单，无非是白底红斑和红底白斑两种。见惯了五花金鱼的我们，或许还会嫌它太单调。

　　为什么古人钟情红色？清康熙年间，蒋在雝在《朱鱼谱》序言中劈头就说："朱者何？曰正色也。"我们要知道，在古代中国人的世界观里，无论色彩、乐音、方位都有等级与尊卑之分，秩序井然。在这本书里，蒋在雝一口气列出了佛顶珠、匕鳍红、朔望红、金管白、银钩红、金袍玉带、白马金鞍等五六十款红白金鱼，其他花色不屑一提。

　　刊印于1848年的句曲山农《金鱼图谱》"辨色"云："鱼色变幻至多，然不出红白黑三种（白者名水晶鱼、银鱼，白黑相间者名玳瑁鱼）。三色之中又以红色者为多。……若全黄、全蓝、全紫、全绿者，乃异种，不常见。"从色彩的角度看，红色至高无上，黄、蓝、紫、绿都是杂色、异种，不被玩家重视。

　　句曲山农《金鱼图谱》的"相品"条，简洁地描述了一只好金鱼的标准："大抵相鱼之法，凡短嘴、方头、尾长、身软、眼如铜铃，背如龙脊，皆佳种也。"当然，他说的还是红白金鱼，"鱼色驳杂不纯者名花鱼，俗目为癞鱼，不甚珍之"。从某种角度看，传统的审美观扼杀了养鱼人的创造性。色彩斑斓，是古人无法接受的一种美。

总之，在传统美学的影响下，养鱼人特别重视壮盛、中正、对称、稳重、圆满、神韵、闲雅、灵动等审美价值，雕琢金鱼。试着比较一下清人宝奎《金鱼饲育法》谈到龙睛鱼所使用的词汇："总以身粗而匀，尾大而正，睛齐而称，体正而圆，口团而阔，于水中起落游动，稳重平正，无俯仰奔窜之状，令观者神闲意静，乃为上品。"一尾完美的金鱼，不是毫无规范的"野鱼"，而是充分体现传统审美精神的"文鱼"——有文化的鱼。

回顾金鱼的家化史，共出现过3个品种爆发的高峰，分别是南宋、晚明和晚清。南宋共有红、白、花斑3个品种，晚明出现了五花、双尾、双臀、长鳍、凸眼、短身6种变异。但是自1925年至今，90多年间却新添了墨龙睛、狮头、鹅头、望天眼、水泡眼、绒球、翻鳃、蓝、紫、珠鳞10个品种。为什么金鱼品种的演变越来越快？按陈桢的观点，是因为金鱼生活条件的改变和人工选择两大原因。按何为的观点，是金鱼基因里的转座子越来越多，造成了遗传变异的加速度现象。

但我想再补充一个美学方面的解释。晚明金鱼改为盆养，文人士大夫纷纷养鱼，撰述文章，建立起金鱼的美学体系，金鱼养殖成为一种时尚，因此出现了一次开拓品种的高潮。但这种美学体系，另一方面也约束了养鱼人的多元探索。晚清以后礼崩乐坏，传统审美体系坍塌，金鱼走向无所顾忌的求新求奇，再一次出现品种大爆发。实际上，新品种的出现不但与育种学有关，还与时代观念有关。既然晚明就出现了五花金鱼，蓝金鱼、紫金鱼的出现并非难事，不需要等待两百多年；最大的障碍在于，养鱼人没有把它们看成新种，而是当成旧种的残次品，弃之如敝履。同样，在传统的审美体系里，水泡、珠鳞和翻鳃都会被当成病态，没有机会存活；要等到旧的审美体系崩溃，它们才有出头之日。

作为止色，红色主宰了几乎整个古代——宋元明清——的金鱼。清末朱鱼从神坛跌落，一向被视为"杂色"、压抑已久的紫蓝黄黑、三色五花金鱼，纷纷出笼，大行其道。中国的金鱼家族，变得五光十色，让人眼花缭乱。优雅的古典时代远逝，一个艳俗的美学新时代降临。如今日本人崇尚红白金鱼，倒是很有我国明清遗风。

"造物"的第三原则是祥瑞。金鲫受到保护、放生、蓄养，就与中国人的祥瑞观念有关。所谓天人合一，祥瑞遣告，上天有好生之德。南宋《梦粱录》称："每遇神圣诞日，诸行市户俱有社会，迎献不一。……鱼儿活行以异样龟鱼呈现……"如同龙麟龟凤一样，珍奇美丽的金鱼也是一种吉祥动物，最受神明宠爱。

金鱼的流行，还与民间盛行的鱼文化有关。"金玉（鱼）满堂""连年有余（鱼）"等说法，让蓄养金鱼成为许多家庭的一种祈福行为。在蓄养的过程中，喂饵、换水、分缸、刷苔、搭篷，往往全家人一起帮忙；而观赏金鱼，也变成亲友聚会、文人雅集的社交娱乐。金鱼是一种雅俗共赏的大众艺术，不容晦涩的美，必须清晰地传达吉祥、圆满和喜庆之意。

在金鱼的造型史上，一个显著特点是，养鱼人以神话传说中的祥禽瑞兽为原型，塑造出各种带有强烈民族文化特色的金鱼。王字虎、猫狮、鹤顶红、龙睛、麒麟斑、凤尾……这些虚无缥缈、言人人殊的奇幻事物，你以为遥不可及，此生难见，没想到落在金鱼身上，竟变成了可触摸的物质存在。人类从来没有在第二个物种身上，倾注如此多的心血，雕塑一个民族的神话和梦想。

先说龙睛吧。龙是在中国地位最高的神话动物之一，善于变化，神通广大。《说文》云："龙，鳞虫之长，能幽能明，能细能巨，能短能长，春分而登天，秋至而潜渊。"它的形象，各人看来自然有所差异，一般认为龙有"九似"——身体各部分仿佛九种动物。宋代学者罗愿的《尔雅翼》云："角似鹿，头似驼，眼似兔，项似蛇，腹似蜃，鳞似鱼，爪似鹰，掌似虎，耳似牛。"这九似还有其他说法，宋初善于画龙的董羽，就说画龙要头似牛，嘴似驴，眼似虾，耳似象之类；民间还流传几句生动的画龙口诀："牛头鹿角眼如虾，鱼鳞鹰爪蛇尾巴，如欲画出活现龙，九曲三弯总不差。"

早期的龙眼并不凸出，有点兔眼的意思。宋以后的龙眼开始鼓凸，向虾眼转型，明代已经夸张到逸出眼眶的程度——我认真看了虾眼，的确凸出眼眶，但很小，漆黑一点。逸空《龙的形态演变》一文，从文物的角度考察龙形演变，指出：明代的龙"两眼凸出和眉弓平齐，或凸显于外，两眼较大，眼白较多"；清代的龙"两眼镶在眉弓和眼眶以内，不会凸显于外，两眼圆瞪，但比较含蓄"。随文所配的 1987 年出土于珠山的明成化年间龙纹罐，上面所绘青花龙，果然一双眼球暴出眼眶，仿佛乒乓球，中间一个豆大的黑点。

我不知道为什么出现这样的巧合，当龙眼在明代发展出最离奇的凸眼时，金鱼界正好也培育出凸眼品种，玩家为之倾倒，形成了"第眼贵于红凸"的社会风气。我相信，即使造型艺术中的龙眼凸出并不明显，金鱼中的凸眼一旦被称为"龙睛"，也必定会影响前者强化凸眼。总之，养鱼人把传说中的"龙睛"塑造出来了，双目如炬，眼球膨大而外凸，夺眶进出，充满超现实的气息。在自然界中，没有一种动物拥有如此奇异的眼睛，只有伟大的龙与之相称。而一尾家养的金鱼，因为拥有"龙睛"，也分享了龙的高贵和神圣属性。数百年来，龙睛一直是中国人最喜欢的品种，经过多年培育，逐渐形成了苹果眼、算盘珠眼、葡萄眼、灯泡眼、黑大眼、玛瑙眼、朱砂眼等类型，异彩纷呈。

　　凤凰也是中国神话中的吉祥动物。《白虎通》曰："凤凰者，禽之长也，上有明王太平，乃来居广都之野。"只有太平盛世，凤凰才肯现身人间，所以有"凤凰来仪"之说。与龙一样，凤凰也是集合多种禽鸟优点而成的一种神鸟，《尔雅》郭璞注说它"鸡头、燕颔、蛇颈、龟背、鱼尾、五彩色，高六尺许"。凤冠高贵，凤尾华丽，是凤凰身上最美的两个部位。民间又有"龙在头上变，凤在尾上分"的说法，称赞凤凰修长、飘逸和绚烂的尾羽。

　　虽然郭璞说凤尾的原型就是鱼尾，但是到了明清时期，绘画中的凤尾历经演变，尾长早已超过身长，华美不让孔雀开屏。养鱼人想让金鱼获得一个漂亮的尾鳍，最好的办法就是师法凤尾。目标一旦确立，演变就进入快车道，启用加速度模式。鱼尾开始蜕变，尾鳍朝向修长、宽大、轻薄的方向演化，这场超现实跨物种的造型模仿，最后让金鱼获得了一种鸟类独有的华丽尾型。凤尾重新定义了鱼尾，让金鱼摆脱物种的限制，自由地探索其他远大目标，例如蝶尾、孔雀尾和裙尾。

　　龙凤呈祥。凤尾龙睛组合，是最受中国人喜爱的传统金鱼品种。双眼凸出如算盘子，目光炯炯；体形短圆紧实，肌肤胜雪；长尾宽大轻柔，游动时纱裙飞扬，身姿曼妙，静止时裙角低垂，娴静幽雅。龙的阳刚气质与凤的阴柔韵味，融为一体，构成了传统金鱼最经典的形象。

我们在金鱼身上的许多部位，都可以找到中国人喜爱的其他动物的原型。中国不产狮子，绝大多数中国人终生没有见过一头活狮子，但我们熟悉狮子的形象，全中国的石狮数量不亚于非洲野生狮。养鱼人并非根据凶猛的野生狮，而是根据中国文化中威武憨厚的狮子形象，创造了狮子头金鱼。虎被誉为"兽中之王"，传说它的前额就写着一个"王"字，虎头金鱼追求的目标，就是用肉瘤在前额刻画出那个"王"字——其实连真正的老虎也写不出那个字。仙鹤在中国文化中是长寿、吉祥之鸟，全身雪白，唯独额头一点丹红，现实中的丹顶鹤正符合这种特征，养鱼人经过艰苦卓绝的努力，居然培育出了完美的鹤顶红。

　　麒麟是中国神话中的奇兽，以仁慈、祥瑞著称，其过往处不履生虫，不折生草，带来平安、长寿和财运，并具有镇煞、辟邪和禳灾的能力。人们喜欢在家中雕刻麒麟图案以镇宅护身。据《朱鱼谱》记载，明末张氏曾经在金鱼身上培育出一种麒麟斑："每一鳞上有二色，或白边红心，或白心红边，或黄心黑边，或黑心黄边，尾鳍俱见如鳞状而花者。斯鱼如兽中之麟，禽中之凤，世不尝有之物。……明季时出于娄东清河张氏之家，乃黑其鳞也。张乃进上，上赐四品绯鱼服，缨簪庆绵，世世继禄。"张氏居然因为向宫中进献金鱼而得四品官，可见麒麟斑之珍贵。《朱鱼谱》讲述了一个神奇的故事，说张氏因为卖鱼放生，救了两只墨鱼（"黑衣童子"）的性命，它们乃变成麒麟斑报答，"故世人曰，麒麟斑出太仓矣"。

　　这个故事表明，在古人的观念里，一个奇特新品种的诞生，仅凭人力不够，还要神力相助。很可惜，麒麟斑没有流传到今天。

正因为深深锲入中国文化，金鱼的传播也遇到一些问题。何为告诉我，土耳其商人来买金鱼，龙睛一条不要，"我们的女人看了会怕。"他们说。英国人也难以接受龙睛，连双尾金鱼都不感兴趣，他们只养殖布里斯托金鱼，一种单尾草种金鱼。这就是文化差异。

"造物"三原则"新奇、优美、祥瑞"之间，宛如一个倒金字塔，存在着平衡、互补和深化等关系。

追逐新奇，探索金鱼变异的无限可能，带来了品种的多样性；追求优美，则将所有变异纳入一种美学规范，创建类型与风格；追寻祥瑞，让金鱼之美奠基在民族深层文化心理上，为人们喜闻乐见。倒金字塔的上面，创新尝试与审美规范构成一对矛盾，互相制约，整合为一个充满张力的平面；祥瑞观念是伸向下面的金字塔尖，构成文化和精神的深度。在三重力量的塑造之下，金鱼演变为一种充满想象力的、优美的、中国化的人工物种。

雕塑基因的艺术

　　离我们最近的金鱼传奇之一是朱顶紫罗袍。这种鱼似乎不太稀罕，我见过两三次，属于文种，鲜红的高头，深紫的鱼身，看上去倒也平常。慑于它的名头，我大气不出，凝视良久。有一回在南京，终于忍不住说："当年傅毅远培育的朱顶紫罗袍，就是这样吗？好在哪里？"

　　养鱼人谦虚地说："这条鱼还有些问题，还在完善。跟傅老的鱼不能比。"

　　"傅老的朱顶紫罗袍传下来了吗？"

　　"绝种了。"他说，"这种鱼的基因很不稳定，即使在傅老手中，子代的正品率也不过0.2%，1万尾只能挑选出20尾。加上长大后折损，没有几尾。傅老说这是紫高头的变异，于是大家都想用紫高头杂交来恢复，但是也不容易。有时形做到了，神却没有到位，比如鳞片缺乏光泽，或者头型缺乏生气。传说傅老的朱顶紫罗袍是娃娃脸，像个天真的孩子，又叫娃娃金鱼，惹人喜爱，是稀世绝品……"

我向何为请教，他说："严格地说，朱顶紫罗袍不能算是一个品种。它是一种基因突变，但基因始终处于过渡状态，无法稳定下来，稍不留神就会消失。千分之一的正品率，从农牧业的角度看毫无经济价值。你不能生下一千头马驹，才得到一匹正常的马。当然金鱼也不是农牧业。"

金鱼养殖至今属于农业，我采访过的很多业者都表示反对。从农业的角度看，所谓品种，是人们创造出来的一种生产资料，是一种生产上的经济类别。从育种学的角度看，一个水产品种（包括食用鱼），必须具备 4 个基本条件——相似的形态特征、较高的经济性状、稳定的遗传性能和一定的数量，否则就没有经济价值。食用鱼的养殖业者，重视的是食物转换率、生长率、出肉率、肉质等指标。这些都与金鱼没有关系。金鱼不是用来食用的，它是一种宠物，或一件艺术品，适用另一套衡量价值的标准。例如它以稀为贵，正品率越高，反而越不值钱。鹤顶红最初也是极其名贵的品种，一旦遗传稳定，大批量出产，价值便大打折扣。

朱顶紫罗袍成为不可企及的神话，就在于它可遇不可求，仿佛一件稀世艺术品。它的培育者傅毅远，也因这一杰作而被人深切怀念。

"现在闻名的'朱顶紫罗袍'是笔者 1956 年发现的。当时出现的只是一尾雄性鱼，通过反复杂交，才初步定型。"傅毅远曾经这么说。事情当然没有这么简单。中国科学院水生生物研究所的伍惠生先生曾撰《中国最名贵的金鱼：朱顶紫罗袍》（《渔业致富指南》1998 年第 18 期），描述事情的经过。伍惠生是我国著名鱼病学家，曾与傅毅远合著《中国金鱼》一书，对后者的研究工作十分熟悉。

"朱顶紫罗袍是金鱼中的一个名贵品种，依照金鱼品种分类属于文金类。"伍惠生写道，"此鱼的外形与紫高头金鱼很相似，具有发达的背鳍，身体、鳍条、尾部均呈深紫色（即深棕色）。头部生有肉瘤，肉瘤从头顶部一直向下延伸到下颚部，与虎头金鱼的肉瘤相似。最为奇特的特征是整个头部呈深红色，其色泽鲜红艳丽，红紫两色相嵌，非常醒目又非常美丽。然而其眼睛、鼻膜和嘴部均为黑色，从正面观看，酷似天真活泼的娃娃面孔，所以有人称之为'娃娃金鱼'，非常稀少。

"此鱼是 1954 年浙江杭州动物园附属金鱼园，从饲养众多的紫高头鱼群中出现的突变，最初仅有一尾雄鱼，先后饲养了 12 年之久，后因患病治疗无效而死亡。后来，该园傅毅远高级工程师等采用种种杂交方式，经过多年的培养，终于选育成功，并使朱顶紫罗袍这一品种的特征稳定了下来，形成一个新品种。在朱顶紫罗袍繁殖后代的幼鱼中，具有新品种特征的子一代约为 0.2%。成长后，真正正品那就更少了，所以非常名贵。

"朱顶紫罗袍问世以后，轰动了苏、沪、杭地区，我国许多金鱼爱好者，许多日本友人专程到杭州南屏山下金鱼园观赏。一时紫高头金鱼身价百倍，众多金鱼爱好者纷纷前来购买，杭州市的紫高头金鱼几乎被抢购一空。港澳地区的金鱼爱好者赶往苏州、扬州、上海等地大量购买紫高头金鱼作为亲鱼，以期培育出朱顶紫罗袍，可惜都没有获得成功。"

按伍惠生的记述，杭州动物园曾两次把朱顶紫罗袍带到香港海洋公园展出，引起轰动，"展厅里一对朱顶紫罗袍（全长15厘米左右，三年鱼），标价竟高达60万港币，成为中国最贵的金鱼，也是全世界最昂贵的金鱼"。

伍惠生还指出，近年来江浙沪出现了不少所谓的"朱顶紫罗袍"，但与正宗的朱顶紫罗袍有明显的区别："体形颇相似，但身体大部分是黑色，小部分是紫色，或者身体背部系黑色，而腹部为紫色，头部不是全部为红色，却带有少量黑斑。这种金鱼饲养到第二年或第三年，多数身体的黑色部分会转变为红色，因此，它不是真正的朱顶紫罗袍。"但他并没有把这些"山寨版"朱顶紫罗袍彻底否定，反而表示说，经过长期选育，使好的性状稳定下来，它们很有可能成为观赏价值较高的另一个新品种。

我看过傅毅远先生培育出来的朱顶紫罗袍的照片。从侧面望去，它的头瘤深红，不太高，但结实紧致，吻端有一黑圈，体色紫黑如铁，唯腹部泛白，背鳍的鳍条竖立如扇骨，尾鳍和腹鳍宽大有力。朱和紫是中国文化中最尊贵的色彩，搭配在一起，显得雍容华贵。"朱顶紫罗袍"这一名字，就来自于古代达官显宦的服饰，具有吉祥、珍贵、尊荣的寓意，特别贴近中国普通百姓的心理。

所有金鱼的基因都是相同的，唯因个别基因在不断突变、重组，金鱼才不断发生变异，脱胎换骨。在基因组合的无穷变幻中，朱顶紫罗袍像彗星一般飞过，被傅毅远敏捷地捕获，通过一代代培育，让这种感动中国人的基因组合稳定下来。事实上，他是以基因为材料的艺术家，在创造和雕塑金鱼，表达自己的理念。

　　至陈桢 1925 年全面调查中国金鱼，金鱼的各种性状变异已经基本完成，并且形成了十几个主要品种。1925 年之后，金鱼界的主要贡献是利用现代生物知识，进行杂交育种，将各种性状重新组合，培育新品，例如用望天眼与绒球杂交获得望天球，用蓝龙睛与紫龙睛杂交获得紫蓝龙睛。都是一些细部调整。

　　20 世纪末颌泡的出现，为金鱼的性状变异增加了一个类型，堪称里程碑。颌泡的发现者是辽宁省营口市的田庄先生。

　　根据田庄自述，1970 年他发现一条金鱼的下颌处有个小水泡，半透明，随金鱼的游动而轻缓摆动，煞是可爱。他决定对这种性状进行定向培育。

　　几年过去了，他发现那个泡泡不是偏左就是偏右，没有生长在下颌正中央。他进行解剖研究，才知道金鱼的下颌骨发生遗传突变，骨缝增大，"鱼将水吸入口腔所产生的压力的作用，使连接骨缝的薄膜组织向外凸出，从而形成了奇特的泡体"。泡体内的物质与水泡眼不同，后者是淋巴液，颌泡内的物质是水，而且是金鱼所处环境中的盆池内的水。原来，泡体与金鱼的口腔相通，会随金鱼呼吸水时一鼓一缩，忽大忽小，有时金鱼还会将争抢到的食物存进泡内，再慢慢享用。田庄发现，金鱼下颌骨正中央无骨缝，无法生成泡体，惟有下颌左右两处的骨缝可产生泡体，但因为这种变异基因很不稳定，往往一侧有泡，另一边的泡就呈隐性状态，所以总是忽左忽右。

他重新调整方案，决定培育左右吊生同样泡泡的金鱼，终于在 1980 年获得成功，并杂交开发系列新品种，先后培育出"四泡金鱼""龙睛戏泡金鱼""蛤蟆头戏泡金鱼""高头戏泡金鱼"等。

他描述说："现在，'戏泡'金鱼新型观赏性状已发展到 21 代，成鱼泡体直径已由最初的大约 10 毫米左右发展到 35 毫米左右，而且这种性状在金鱼的生长过程中显现非常早，幼鱼体长仅 20 毫米左右时，就能明显出现。泡体的色彩依品种不同而异。"（田庄：《"戏泡"金鱼性状及其培育过程》；《北京水产》，2000 年 5 月）

事实上，田庄发现的金鱼颌泡，许多年前日本人熊谷孝良也发现过，但那条鱼还没长成亲鱼就死了，熊谷孝良为此非常遗憾。他当然想不到，这种变异最终还是被一个中国人捕获，稳定下来。

每年，在一家家金鱼养殖场里，诞生的新生鱼苗数以亿万计，其中包含各种各样的变异，绝大多数被当成次品抛弃了。田庄是个有心人，他才会从一条有瑕疵——下颌生泡——的金鱼身上，发现到提炼一种新性状的可能性。只要他稍一犹豫，机会稍纵即逝，他就再也看不到颌泡了。

育成"四泡金鱼"后，田庄把照片发送给全国各园林部门、金鱼专家和科研单位，征求意见。1986年，中国科学院遗传与发育生物学研究所的王春元研究员见到照片后回信，认为这是很有培育前途的新的观赏鱼品种，并前往营口登门调研。1992年田庄带着"四泡金鱼"和"龙睛戏泡金鱼"两个品种在"亚太观赏鱼展览会"上首次面世，就引起金鱼界瞩目，此后多次荣获各种展览会的新品种奖，成为金鱼界的当代传奇。

　　田庄对他的戏泡金鱼十分珍视，不轻易流出，很难见到。在福州的金鱼界聚会上，说起戏泡，主办方说可以买一尾拍摄。曹峰说："你可能买不起，据说田先生声称100万元 对。当然，他花了几十年时间培育，这个价其实也不贵。"

　　林海道："戏泡贵就是因为珍稀，一旦普及，能否流行还说不定。这种变异有点像翻鳃，比较怪，许多人不觉得美。"

　　无论如何，田庄填补了金鱼性状变异的一个空白，拓展了金鱼的生物学边界，这是百年难得一遇的重大成就。《中国金鱼图鉴》的二级分类目录里，为"下颌变异"单列了一个类目，该类目只有一个品种：戏泡。

　　正是因为无数个像田庄这样的养鱼人，呕心沥血培育新种，金鱼才从形态单一的草金，繁衍成拥有数百种性状组合的庞大品系，具有丰富的艺术表现力。雍容华贵的狮子头、憨态可掬的虎头、威风凛凛的兰寿、高贵典雅的鹤顶红、神秘奇幻的龙睛、珠光宝气的皮球珍珠、风姿绰约的蝶尾、妙趣横生的绣球、柔婉灵秀的水泡眼、星光闪烁的朝天龙，都在不同程度上，触动我们心灵和情感的某个方面。

我有时想，龙睛、绒球、帽子、虎头、红头、翻鳃、水泡、望天、狮头、丹凤、珍珠鳞、透明鱼、文鱼……这些传统金鱼品种，就像满江红、水调歌头、八声甘州、西江月、念奴娇等词牌，各有规矩，格律森严。龙睛有龙睛的标准，虎头有虎头的标准，珍珠鳞有珍珠鳞的标准，养到极致，便是好鱼。

但是对于每个人来说，还是各有偏好，有人独钟鹤顶红，有人喜欢水泡，有人热衷皮球珍珠。遇到刘景春这样的学者型玩家，还能洋洋洒洒说出一套大道理来。在《北京金鱼文化概述》里，他表示，自己喜欢蛋种鱼。

他写道："从金鱼的不同形态而言，蛋种金鱼较之文种与龙种金鱼更具有高级的进化的特征。蛋种经人工多年之培育与筛选，已完全改变其体形，由梭形演化成蛋形；由扁形演化成圆形。背鳍已完全脱掉，脊背光润平滑、宽坦广阔。……蛋种鱼体形之特征为宽广方厚，远非他种鱼之所能及，故能风行全国乃至全世界。蛋种鱼可分为七大类，即虎头类、额头类、绒球类、望天鱼类、水泡眼鱼类、丹凤类以及翻鳃鱼类。蓄养金鱼者注意之焦点即为此类鱼，多有倾其全力以赴者。"

在蛋种鱼里面，刘景春最推崇虎头类，尤其是其中的王字虎头。他说："论品位，红虎头鱼应位于多种金鱼之冠，为金鱼中第一大种类。此种鱼以其众多的优点，流行全国，甚至全世界，欧洲人名之曰狮子头鱼，日本人称之为蓝俦（兰寿），中国人称之为虎头鱼，蓄养者甚众。此种鱼额头凸起之堆肉，出棱露角，堆肉面上有凹陷窄细之线纹，联而读之，状若汉语之'王'，亦老虎前额之'王'字纹，故美其纹曰'虎头鱼'，说明此种鱼既具虎头虎脑的雄伟姿质，又具老虎前额之征象，论实论势，不可易也。……此种鱼身宽体方，丰腴肥厚，高头肿鳃，动态优美，诸多特点允为上品。"

刘景春先生在大学教书，酷爱金鱼，在北京福绥境胡同的居家小院里，他陈列了一排排瓦盆和木海，朝夕与金鱼相处。写于20世纪80年代的《北京金鱼文化概述》，分容器、品种、育苗、喂养四章，是他60多年养鱼经历的总结，被王世襄先生誉之为"反映传统养金鱼的最高水平"。

刘景春蓄养的王字虎，形神兼备，至今还被北京人当成神话。他的王字虎解放前得自于东四钱粮胡同王先生家，散向全国。他说："鄙人有幸获得小虎头鱼一尾，培养长大，系一条母鱼，该鱼背阔而润，头高且大，堆肉为紫红色，绒松可爱。后以此鱼与东兴楼饭庄安经理之公鱼相配，甩子一把草，今日北京以至全国各地所养之红虎头鱼，盖皆此一代鱼之后也。"

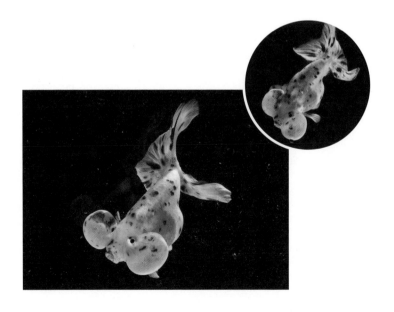

1996 年，北京电视台"说古道今"栏目采访刘景春先生，81 岁的老人没什么挂念的，唯一担心的是"将来这鱼断了种，白费了这五十年的功夫"。没过两年，他金盆洗手，把最后一批金鱼托付给了李福利先生。不出他所料，王字虎还真的一度消失，在北京几乎看不到。后来，北京的年轻玩家找到李福利那里，发现这些鱼种已经奄奄一息，成立了一个王字虎保育会抢救。

在刘景春的年代，中国金鱼还充满自信，相信北京的标准就是世界的标准，对日本金鱼嗤之以鼻。刘景春说，红虎头有"十忌"，第一大忌是"平额"，其他方面再好，只要额顶扁平，就属于品位低下。日本兰寿就是失败的典型。他说："日本 1972 年大阪金鱼比赛中，中头奖之鱼即为一尾红虎头。该鱼周身完整，无疵可挑，唯一缺点即堆肉扁平。该鱼在日本竟拔头筹，奖品为一尊一米高之大银瓶，真可谓'此地无朱砂，红土为贵'也。由此可见，日本人虽然广蓄金鱼，但缺乏良种，不能不说日本人学养金鱼尚处于幼稚园阶段也，其与中国金鱼之发展，以鱼种而论，至少落后三十年无疑也。"

他没想到，不过 20 年，中国金鱼妄自菲薄，不少玩家拜倒在日本金鱼的脚下。日本兰寿、琉金作为最高端的金鱼，引进广东、福建，把国产金鱼杀得七零八落。我向北京的一位玩家提起刘景春先生对日本兰寿的论断，他尴尬一笑："大师也有走眼的时候。"

　　我觉得金鱼交流是一件好事。金鱼传播到了全世界，但唯有中日两国形成了自己美学体系。因为隔膜与误解，两种美学体系之间很容易出现相互排斥和否定现象，也有人叛逃，觉得什么都是对方的好。随着相互理解和吸收，两种美学体系可以在一个更高的平台上共存，成为彼此的资源。如今，中国的金鱼玩家视野开阔，不但能够欣赏日寿、泰狮，还能借鉴东洋金鱼独特的头型和丰富的尾型，创造出更具想象力的品种。

与刘景春的情况相仿，许祺源先生在江苏无锡行医，业余养鱼，却成了金鱼界共仰的泰斗。他说自己是1954年、14岁的时候开始养金鱼的，一养就是半个多世纪，培育出弓背寿星头、鹤顶龙睛、凤尾蓝花珍珠、纯蓝花珍珠、鹅头红等品种，还写下了《金鱼饲养百问百答》《中国名贵金鱼》《金鱼的养殖和鉴赏》《东方圣鱼——中国金鱼》等著作。

他培育的鹅头红，独树一帜，被人称"许氏鹅头红"。老人不大高兴，他认为自己培养的就是正宗的鹅头红，为此还与人打起了笔战。

许祺源培育鹅头红的经历让人动容。2003年5月，他在写给"金鱼网"的一封信中说：

"'文化大革命'前我在上海新泾鱼类良种场买到了几尾声称'猫狮'的金鱼，其实就是头部肉瘤特别发达的寿星头(俗称虎头)金鱼，回来后，我将家中当时无肉瘤的鹅头红(又称红帽子)与'猫狮'经过几年的杂交、选种，并采用反交、

回交等办法，选出了少量头部具有一定肉瘤的，而且头部有一块红色肉瘤的'鹅头红'来。可是在'文化大革命'中我受到冲击，鹅头红也遭受厄运，我选好的几百尾鹅头红被抢、偷一空。

"直到 20 世纪 70 年代，我再次将鹅头红采用远血交配，和新雄老雌等方法，进行有意向的杂交、选种、纯化，终于在通过 10 余年的努力后，又培养出少量的鹅头红。后来送给了一些朋友，也被偷掉了一部分，这样悄悄的传开了。那时的鹅头红周身银白，头顶有红色肉瘤，嘴根延至两鳃盖已有较发达的肉瘤了。后来在我本人和苏州、上海及一些朋友的共同努力、精心培育下，才养育成今天头顶正中具有一块方方正正红色肉瘤，且周身银白无杂斑的鹅头红。

"但这种鱼的遗传基因仍未稳定、养出来的鱼呈全白色的多，真正的珍品不足 5%，尤其是苏州的几位金鱼场长由于该品种的正品率太低，为了经济效益，所以只能将鹅头红与寿星头杂交，这样出来的红白寿星（虎头）据说客户需求量大，好出口。因此，真正纯正的鹅头红越来越少，北方更为少见。"

许祺源培育出来的鹅头红，全身雪白，像狮子头一样，顶瘤、鬓瘤和鳃瘤都很发达，顶瘤当心有一块方正的红斑。这也是一个奇迹，难怪他要花费数十年培育。争议在于，这条金鱼是否鹅头红。北京玩家认为，所谓鹅头红，应该像鹅头一样只有红色顶瘤，两侧没有鳃瘤，许氏培育的应该称为红头寿星（虎头）或红顶虎头，不能叫鹅头红。考虑到许祺源作为培育者有命名权，姑且称为"许氏鹅头红"。

许祺源不满意这个称呼，认为正宗的鹅头红就是他培育出来的这种。他搬出工具书来论证真正的鹅头，头两侧都有肉瘤，并非只有顶瘤："我多次查阅了《中国动物学辞典》（P2314）上面写有这样一段话：'鹅的嘴扁阔，嘴根有肉疣，而雄者较膨大'的记载，同时，众所周知鹅在颈的两侧有膨起的素囊，它阔过头部。……足以证明'鹅头红'鱼的嘴根必须存在肉（疣）瘤。"更有意思的是，2005 年 9 月 18 日，许祺源还特地前往无锡市著名的南禅寺家禽市场，测量成龄白鹅的头部，用数据证实了"真正的鹅头的形状，其两侧的宽度应比头顶的要宽些"。

"鹅头红这种鱼是我亲手培育……"许祺源表示说，"所以我给它定这个名字包含着我一生苦劳和几十年的心血，予以纪念，我想许多鱼友也能理解。当然，我们比不上国外，在国外某人培育出一条锦鲤他们就可以以自己的名字命名（如：锦鲤中的大正三色、昭和三色等）。"

林海就是反对把"许氏鹅头红"称为"鹅头红"的人之一。他说，什么叫鹅头？傅毅远、伍惠生所著的《中国金鱼》说得明白："鹅头它很容易和狮子头（今蛋种虎头）混为一种，以为是狮子头的次品。后根据陈桢分析，按肉瘤发达程度进行比较，二者并不相同。所谓鹅头，它的特点是肉瘤仅限于头顶，不向两颊生长。"徐金生等著的《中国金鱼》一书称："红头、又名鹅头……它与帽子、虎头的区别是帽子、虎头的肉瘤齐鳃包裹；而红头的红瘤只在鳃盖以上的头顶生长。"可见许多人对鹅头红早有一个共同认知。

"对于'许氏鹅头红'，我认为称作'红头虎头'，更准确地说是'红顶虎头'或'红顶寿星'更为恰切。"在《品鹅》一文中，林海写道："这么讲，没有丝毫贬低许先生的意思。在《鱼脉鱼情》一文中，我已表达了一个晚辈的敬仰之情：'如果红顶虎头真是在许先生那里定型的——目前，红顶虎头的正品率已经比较高，可以视为一个独立品种——那么大江南北红顶虎头的养殖者饮水思源，都是该向许老道一声感谢的。'"

客观地说，"许氏鹅头红"是一款好鱼，一个十分难得的创新品种，无论它叫什么名字。作为培育者，许祺源先生给它命名任何名字，人们也都会赞同的——只要不与另一种通用名冲突。不巧，北京人正在恢复宫廷鹅头红，"许氏鹅头红"的命名将影响到鹅头红的定义和标准，所以2004年前后爆发了这样一场论战。许祺源也意识到争论与地域有关，有点赌气地说：

"我认为培育像北方那种鳃盖上无肉瘤或少肉瘤的'鹅头红'，不是一件难事。但培育出南方的'鹅头红'，如果在不借用南方'鹅头红'来杂交的情况下，则不是1~2年的事……总之，究竟是北方的'鹅头红'发展快，还是南方的'鹅头红'发展快，是北方的'鹅头红'最受金鱼爱好者欢迎，还是南方'鹅头红'最受金鱼爱好者欢迎，还是由市场来说话吧。"

我觉得，许祺源先生不必去争这个名字。他花了数十年时间培育"鹅头红"，就算不是鹅头红，也是一个与鹅头红同样（也许更难得）优秀的新种。他原来只是想仿制，最后变成了独创。对于艺术家来说，也许是更大的光荣。

把金鱼当成一种物种艺术，需要讨论金鱼的审美要素。许多著作谈论了金鱼的形体美、色彩美和运动美；还有人整理出兰寿、水泡、龙睛等具体品种的审美指标。关于一条完美的王字虎，刘景春先生细数头宽、头长、唇凸出、嘴窝、鳃肿、头高、身宽、背润、背平、开尾、色艳、体长等要求。许祺源先生写过篇《"中国名贵金鱼评选标准"初探》，从形态、色泽、特征等方面分品种给金鱼打分。这些都是完善金鱼美学的努力。

在采访与写作的过程中，我也在思考金鱼美学的问题。这里我想撇开细节，探讨本质，指出金鱼艺术的一些基本特性，与同道分享。

一是寿命短暂。任何一种活体雕塑都有生理寿命，以及观赏期限。金鱼的寿命通常十年左右，最佳观赏期不过三五年，与绘画、雕塑、建筑等传统艺术品相比，堪称速朽。从某种角度看，赏鱼如同赏花，要应时当令，逾期不候；又有点像行为表演、音乐演奏，是转瞬即逝的一次性艺术。寿命短促，对于金鱼的传播固然不利，但也提高了名贵金鱼的珍稀性，增加了其价值。

二是批量生产。金鱼的观赏性状其实是一种基因表现，个体寿命虽然短暂，但薪尽火传，独特的基因可以通过繁殖传递给子代。一旦培育出某个新品种，玩家的最大目标是尽快提纯，让基因稳定下来，生产更多的子代。金鱼产卵，每次成千上万，若正品率高，便复制了成千上万的母本。从这个角度看，金鱼又具有可复制和批量生产的特性。当然，这又带来版权保护的难题。有些养殖业者花了很大代价培养出一款新鱼，却被人买来做种，成千上万复制，严重侵犯原创者的利益。

三是强烈的参与感。欣赏金鱼可以分几个层次：最低阶是普通观众，得闲暇去水族馆或展厅观赏一番，所得乐趣最少；中阶是一般玩家，家中置水族箱，在不厌其烦的换水投食中，让金鱼逐渐敞开生命的隐秘之美，分享其生长的喜乐；最高阶的玩家亲自繁殖和培养金鱼，创造新种，体验"造物"的巨大喜悦。参与越深，你从金鱼的审美过程中获得的乐趣越多；最后，审美变成了创作，观赏者变成了艺术家。

四是地域风格明显。"扬州水泡如皋蝶（尾）、南通珍珠苏州狮（头）"，一方水土养一方鱼。金鱼的品种和形态，深受地理、气候和饵料的制约，同时又受到各地不同养殖手法、文化传统的影响，所以金鱼的风格具有强烈的地域性。闽粤亚热带地区，饵料丰富，金鱼长得胖大雄壮；北京的金鱼生长期短，又有冬眠期，瘦小结实；江浙地区人文底蕴深厚，注重金鱼的灵秀飘逸。金鱼文化的地区差异，形成了中国金鱼的地域风格和美学流派，值得人们深入探索。

五是表达集体意识。尽管我们可以把金鱼看成一种物种艺术，但是我们要承认，其艺术性相对来说较弱。在中国，金鱼首先是一种家庭玩物，既有祈福和风水的考虑，还有怡情养性的功能，人们寄托在金鱼上的情感，更多是一种大众喜闻乐见的集体意识，犹如年画和砖雕等民间艺术。现代艺术的特点是重视作者意识，表达个人独特感受，强调原创性和思想性，这些艺术元素，都应该逐渐引入金鱼的观赏和培育。

六是审美视角的改变。近一千年来，金鱼主要养殖在庭院里，或者引水筑池，或者广备瓦盆木海，欣赏者都是俯视金鱼。这种俯视的观赏角度，塑造了传统金鱼的形体，有些品种如望天、水泡、蝶尾、五花、兰寿、虎头等，只有俯视才能欣赏其精彩处，从某种角度看，蛋种鱼的出现也是俯视的产物，因为宽阔润洁的背脊也是观赏重点。随着生活方式的改变，越来越多的人居住在公寓套房，空间狭窄，使用水族箱养鱼，透过玻璃侧视成为主要的赏鱼方式，一些侧视效果较好的品种如寿惠广锦、琉金、泰狮大行其道，福寿亦因强化了头瘤和背峰等侧视性状，在东南亚地区取代了日寿，并风靡全国。审美视角决定金鱼的培育方向。所有传统品种都面临一个侧视化的问题，以适应时代的变化。

七是生物技术育种的前景。直到今天，人们还是通过一些基本的遗传原理，反复试错，大规模筛选，艰难地培育金鱼。如今金鱼基因组图谱已经不是秘密，随着生物技术的进步，细胞工程、染色体工程、基因工程为金鱼的变异带来无限可能。当你可以随心所欲修改基因时，金鱼的物种边界消失了，制约你的唯有观念与想象，育种变成一个创作论问题——在那么多奇幻的金鱼里，你如何想象出更奇幻的一条金鱼？在我看来，这将促进金鱼艺术向纯艺术转变。

最后，要重视金鱼的福利和伦理。金鱼不但是艺术，还是一种活生生的生命。一件艺术品的成败，顶多关乎市场和荣誉，金鱼艺术则涉及金鱼的生与死，必须严肃对待。金鱼作为宠物和艺术品，我们已经进步到了拒绝食用的程度，现在还要反对虐待、杀害和用于实验。从陈桢开始，中国科学界就把金鱼当成果蝇和小白鼠一样的实验室动物，这是不好的传统，应该禁止。只要这种"有文化"的"宠物"继续受到虐杀，我们从金鱼中获得的美感就会混合着虚伪和内疚，大打折扣。

作为物种艺术，金鱼艺术家的创作奠基在金鱼基因的变异和可塑性上面。在无数个世代里，基因隐藏在黑暗中，但养鱼人通过金鱼的性状表现抓住了它们，在黑暗中重组，呈现为充满想象力的自由生命。早在科学家绘制出任何基因组图谱之前，养鱼人就已经是基因雕塑家，创造了美丽的中国金鱼。

第四章

大玩家

如果说北京金鱼注重头型，强调威仪、尊贵和皇家气派；那么江南金鱼就偏重尾型，强调优雅、飘逸和文人气质；闽粤金鱼则偏重体型，主要表达雄健、壮丽的美学和世俗的商业精神。三者互补，各有千秋，共同构成当今中国金鱼文化的三大支柱。

江南遗韵

南京金鱼俱乐部是鲍华、曹峰、芦根生、龚震四个人创办的。2007年，他们合伙租下了江宁区秣陵镇周里村的一块地养殖金鱼，面积不大，只有20亩，租期20年，租金每亩每年1000元。这种规模，在福州只能算中小型金鱼养殖场；论产量，在全国更是微不足道。但是南京这群鱼友素质很高，搞论坛、办展览、发帖子，折腾得风生水起，使南京成为国内金鱼文化的一个重镇。

冬日的一个清晨，曹峰把我们带到金鱼俱乐部的鱼场。这一带是南京南郊，地势平坦，到处是田园池塘，树木都落光了叶子，有些萧索。一进大门，看见两幢平房相对而立，一幢是紧闭的"民间金鱼馆"，另一幢俱乐部办公房有个木门坊，上书"金鱼玩家"，门边是一幅陈旧的对联："红鳞闲看半池水，香茗慢品一畦花。"很有传统文人情怀。

金鱼馆与办公室之间的道路笔直通往前方，两边都是一格格水泥池，池水平静地映射着天光。左边分别是芦根生、鲍华、曹峰的鱼池，右边是田宝仲的鱼池，都装了防鸟网。

曹峰是金鱼俱乐部的秘书长，1974年出生，毕业于南京艺术学院，是个画家。他身体壮实，似乎有无穷精力，与其他已退休的同伴不同，他一边上班，一边养殖金鱼。他说，南京的特点是南北交汇，是个中转站，南北金鱼的品种都有。

鲍华的鱼场里，有几间简易平房，平时他们夫妻俩就以鱼场为家。太阳还在薄雾中，有点冷，池子里的金鱼不多，也不大动，多数是鹤顶红、龙睛、水泡等传统品种。鲍华戴着顶帽子，一副墨镜，双手插在口袋里，身材挺得笔直，加上冷峻的表情，慢条斯理的语调，看上去很"酷"。不一会儿，来了几个挑鱼的本地客户。等他忙完，我们在俱乐部的办公室泡茶聊天，我才有机会采访。

"我家三代单传，小时候家里很宠我，为了哄我上学，外婆带我去动物园玩，一进水族馆，我就喜欢上了金鱼。我6岁开始养小金鱼。"1957年出生的鲍华，这样开始讲述自己与金鱼的故事。"文化大革命"的时候，成分不好，他的外婆挂上了大牌子游街，造反派要他打倒地主婆，他觉得人是

坏的，有苦恼就跟小金鱼倾诉，与
金鱼有不解之缘。高中毕业后，他
进入了著名的熊猫集团工作，20世纪
末企业改制，允许停薪留职，他就动了养
殖金鱼的念头。

　　那是2000年的事。鲍华存了些钱，读过章芝蓉的一本书，
就准备科学养殖金鱼。他租下了120亩地，办起了赤鳞观赏
鱼场，惨淡经营。这段经历，让他收获了一个昂贵的教训：
个人养金鱼与大规模养殖完全是两码事，规模化养殖不可能
把金鱼养到极致，因为观察的细致度不够；另一项收获是结
识了曹峰、芦根生和龚震等鱼友。2005年赤鳞观赏鱼场被征
收，他们合伙在江宁区东山镇土山机场那边租了4亩地养鱼。
2007年遇到大洪灾，90%以上的品种被冲走，他们才把鱼场
搬到秣陵镇周里村来。

　　说到俱乐部，他说："我们把自己定位为'金鱼玩家'，
由着性子玩。主要目的有三个，一是传统品种保育，二是新
品种选育，三是以鱼会友。"他承认自己在市场化方面做得
很差，多数时候只能勉强平衡。"南京纯卖金鱼的店约四五家，
我们原则上不上网销售。2008年在网上卖过几个月，有人骂，
就停了。网上销售很多地方我们不能控制，比如运输。我们
三家都养鳜鱼，让它们吃淘汰的小金鱼，尽量不把低品质的
的金鱼流入市场；鳜鱼呢，就让我们吃了；这是一个小食物链。
金鱼当饵料，并不奇怪。新加坡大量进口国内金鱼，实际上
就是作为饵料、饲料；少数好的才卖高价。"

　　我问："有人说金鱼好养，有人说难养，到底好不好养？"

他笑道："这要看你怎么看。金鱼的适应力很强的，可以适应40度到0度的水温，南北极都可以养。我沟里的河蚌、螺蛳、水草都死了，但我的金鱼还活着。但金鱼也是病虫害最多的鱼，容易生病，容易死亡。有个土豪鱼友，从我这里挑兰寿，100元一条，养死了，以为我的鱼不好；后来买日本兰寿，3000元一条，又死了；他下结论说金鱼不好养，养热带鱼去了。他也没有错。现在都用玻璃缸养鱼，四面光，鱼无处躲，吓也要吓死了。我养过一条大水泡，有人出2万元要买，我不卖。我知道卖出去就会死。要让金鱼普及，金鱼还要好养。我们已经在做这方面的工作，增强抗病力。我养了些朱砂水泡，让它优胜劣汰，该死就死，通过这个手段让种群复壮。"

趁着老曲在隔壁房间拍摄金鱼，我记下了一些品名：朱砂水泡、十二红蝶尾、凤尾鹅头红、五花狮子头、蓝虎头、雪青狮子、凤尾蛋球、五花望天球、鹤顶红、红顶虎头、首尾红虎头、五花水泡、紫虎头……基本属于传统品种。

　　鲍华没有读过大学，但文质彬彬，见闻广博，纵论金鱼界的各种现象，都很有自己的想法。我竟然觉得他身上有股文人气。金陵为六朝古都，文化发达，生活在这里的人们，大约特别容易侵染文人气息吧。

　　他说："福州的鱼生长期长，长得快，我们这边鱼长得灵秀一些。南京对金鱼文化比较重视，玩的人多，氛围好，玩着玩着就发现鱼的品种快没了，赶紧自己去养，很多人就这样养起鱼了。我们养鱼，保育的成分很大。我这里约三分之一是保育的品种，大约一二十种，它们没有商品价值，包括全国各地的。商品价值高的如兰寿，有福州人在养，我们就不养了。像水泡，全国各地不愿意养，我们这里有；水泡里大尾巴的、大泡泡的，外面还比较多，我们不养；我们专养弓背的、短尾巴的、泡泡适中的，有好几个花色。我们对传统金鱼品种兴趣更浓一些。"

　　我问："你说说，哪些金鱼品种是近二三十年消失的？"

　　他说："比如南京的马头珍珠、宽尾鹤顶红、全红狮子头，都在我们眼前消失了，这些都是地方品种，没人传承。宽尾鹤顶红的尾形很大，是身体的一倍半，非常飘逸。全红狮子头眼睛下方的两块肉非常发达，全红色，连肚皮都是红的，我小时还养过。南京以前还出产一种鹅头红，和现在的宫鹅，也就是北京的鹅头红不是一个概念，它那个头瘤非常发达，也消失了。这个我也见过。再讲其他地方消失的金鱼。从北方讲，比如北京的蓝望天球，现在很多人想恢复，还有齐鳃红、首尾红也没了；南方的，广州以前出产一种朱砂眼虎头，全身洁白，两眼朱红，头瘤不怎么发育，当时我见过，现在基本上见不到了。

"再说个故事。西安有种叫蚕豆眼的龙睛，不大爱动，基因上有点问题，第一年有 100 多条小鱼，第二年可能一条也没有，市场也不好，但是很独特。2009 年的时候，西安只有一个老先生在养，南京的曹扬把他的蚕豆眼连锅买回来，再让出几个池子专门养。第二年我们返送回去，他们还不要。去年西安有人有兴趣了，到处找。西安花水泡（鹅头水泡）2009 年那次也一起拿来，2010 年繁殖了一代，我再转给西安的鱼友，后来都没听到消息，可能消失了。一旦西安本地鱼友找不到，一个品种消亡就两三年时间。"

我说："你见多识广，能不能谈谈各地的金鱼品种？"

鲍华说："江苏传统金鱼，原来主要是苏州的红狮头（当年红）、花水泡，南通的大珍珠，如皋的蝶尾，还有一个徐州的墨龙睛，主要就这几种。现在已经没有这么明确的划分了。如皋蝶尾还是响当当，南通珍珠喜欢的人不多了，脑袋太大了。鱼场拆迁后，苏州的鱼场不如 20 年前的十分之一；南京养金鱼的鱼场不到 10 家；现在地方特色重的还是蝶尾和水泡。

"江浙沪地区的交流比较频繁。上海以大水泡为代表，但上海的水泡其实来自于苏州。苏州的狮子头非常有名，很少人知道它来自南京的当年红狮子头。原来南京的老狮子头一般是两年变色，后来有人用南京的全红狮子头与鹤顶红交配，培育出当年红狮子头，60 天就开始变色，当年就好卖钱。南京、苏州、杭州、扬州这一带，有千丝万缕的关系。

"现在交通便利，各地的特点在模糊化。南方金鱼以大为主，强悍，相当于男性。江苏这一带，以灵秀为主，偏女

性化。北方侧重于老的血缘。具体说，福州是养大金鱼，以兰寿、琉金为代表。北京重视传统品种，如鹅头红、王字虎。江苏当然是蝶尾、水泡和狮子头。值得一提的是武汉地区，猫狮、皮球珍珠，都很有地方特色。西安地区的特色，就是刚刚讲的蚕豆眼龙睛。这两年，山东的玩家起来了，都很年轻，玩得不错。他们啥都玩，他们的鹅头红，比北京养得好多了。有个小伙子养猫狮，也比武汉人养得好，后来他移民美国了。山东的水质比较硬，养的鱼颜色特别漂亮，养的比较精细，是后起之秀。

"中国地大物博，各地养殖金鱼，气候纬度不同，养殖手法不同，会有特别的地域气质。福州金鱼的兴起跟叶其昌很有关系。东海水族公司的陈镇平把收集到的国内很多品种给了他。叶其昌对金鱼的认识很深，最大的贡献是成功引进兰寿。陈镇平的最大贡献，是从新加坡那里夺回了金鱼的话

语权。闽粤受东南亚影响，要大鱼，视觉冲击强，容易拿奖。但养金鱼还是要有耐性，江苏养得久一点，鱼的味道出来了，更耐人寻味。金鱼的地域差别有时很明显。有一次参加评奖，看到一对鱼，我就问：这是杨晓矛的鱼，武汉的杨晓矛来了吗？他真的来了。鱼如其人，他的个性在那里。但是虽然各地风格不同，好的金鱼也有共性，所以评选时要把握标准，第一是形态特征，第二是颜色，第三是泳姿。"

"你怎么看待河南人养金鱼？"

他回答得很客观："河南也值得一提，它有大量的坑鱼，养殖很粗糙，量大。它给中国金鱼带来了改变，以前是论条卖，他们是论斤称。当然这也造成品质的问题。"

"坑塘养鱼不好吗？福州、广东也都有坑养。"

"福州养坑鱼与北方不一样。"他说，"北方不筛选，好的坏的一坑。福州是精养，小鱼养成形了，再下坑，品质大不一样。广东是真的坑养。日本的土佐金，是非常精细的鱼，但第一年的时候，几个大玩家都在土坑里养，养出体量，再进小缸养，这是一个技巧。不要去贬低坑养。但是坑养不注重品质，也不值得提倡。"

　　曹峰态度鲜明，插嘴说："河南是按食用鱼的方式养。当时也是水产部门推广的，一下就上了上万亩面积，告诉老百姓：你养鲫鱼养鲤鱼，出池的时候最多 3 元钱一斤，养金鱼最少 10 元钱一斤。老百姓就养了。河南养金鱼对中国金鱼的确是一个负面作用。"

　　鲍华说："金鱼本来是文化鱼，结果搞成商品鱼。金鱼不能这样养。我们去日本参观，看清水金鱼，日本北方的一个批发商，已经打包好了 20 包鱼。他看到中国朋友来了，就高兴地打开给我们看，让我们拍图片。鱼不多，不超过 200 条，品质只能讲一般，不算很好。他给我们一个智力测验，猜猜值多少钱？谁都没有猜出来。他最后讲，这批鱼是发到台湾去的，折合人民币十几万。当时我都快哭了。200 条鱼，就讲江苏这边比较好的鱼场，一个池子一年的产量，不止 200 条，但是一个池子的产量价值多少呢？按当时的价格不会超过 1000 块。我们一个像样的大鱼场，一年十几万都没有。如果他的鱼的品质很好，也没话说，但那鱼的品质真的一般般。"

　　"这和中国的金鱼市场有关吗？中国金鱼为什么那么便宜？"

　　鲍华说，最大的问题是"山寨"。"我买一对金鱼回家，

一繁殖就是千军万马，把你几十年的研究和努力打消了。浙江有个小伙子，叫高峰，特别喜欢养日本的一种金鱼，叫宇野，花了40来万买了4条种鱼，很贵，鱼繁殖出来了，也卖得贵，普通的一条小鱼卖1000多元。有个对手在他那里买鱼，觉得小，不满意，不给他钱。两个人搞毛了，对手就说等这个鱼产卵了再给钱。结果鱼产卵后不但没给钱，还说高峰不是卖鱼1000元一条吗？现在这鱼免费送。这一送就完蛋了。高峰花了好大的钱去买种鱼来，第二年饭碗就被人砸掉了。这个没办法专利保护。金鱼看了好看，人家就买了，有没有血统认证，一概不讲究。"

对于国内流行的杂交育种，鲍华抱持怀疑和否定的态度。他认为，与杂交相比，如今更重要的是纯育，他说："如今大家喜欢杂交育种，认为长期的近亲繁殖品种会退化，这实际上是倒行逆施。杂交是获得新品种的一个途径，但真正促进金鱼品种多样性发展的，其实是纯育，纯系选育。这些年都是农业部管金鱼，把农业的概念带到金鱼养殖里，比如鱼讲究出肉，就要产量高、生长快、健壮，这都可以从杂交育种上获得。但金鱼不同，它与马、犬和鸽子一样，国际上重视的是血统纯正，比如纯血马、纯血狗、纯血鸽。远系杂交，比如龙睛与狮子头杂交，可能会带来一系列恶果，龙睛的特征和头瘤的特征可能淡化了，在很多代里都在分离，出现怪模怪样的东西，真正发达的眼球特征和头瘤特征，很难恢复过来。这是杂育的问题。中国金鱼受到国外玩家的歧视，不奇怪，比如他买你的珍珠做种，一繁殖，却出了水泡，人家当然说你的东西不好。中国金鱼卖得比较贱，与这方面也有关系。我们做保育，也是看到这问题，不乱杂交，重视提纯。

"从纯种的角度看，它的后代要有96%以上的相似度，比如红狮头，它的100个后代里，要有96条以上是红狮头。比如狮头龙睛（这个本来就有了，我们打个比方）杂交后，要近亲繁殖20代左右，才能纯化，子代才能达到96%以上的相似度。日本的兰寿，石川家的兰寿，从中国引进后200多年，就是近亲繁殖，纯化得非常好。乱杂交，有的第一代非常漂亮，第二代就一条都不存在了。这种情况业界发生很多。20代就是20年，要占用整个池子。辽宁的田庄做戏泡系列，做了30年。日本人一个家族就做一个品种。"

曹峰说："中国现在也发现了基因污染的问题，很多优良品种，就是因为杂交，连老的也没了。要在品种上加个特征相对比较容易，但是要减去某个特征很难，就比如在白开水里放糖进去容易，再把这个糖取出来就不容易了。"

鲍华说："如皋的十二红蝶尾，尽管现在有，但非常稀少。如皋有一家，老板名叫周建如，他保留了一系列红蝶尾，每年都会出相当数量的十二红。他的鱼到了如皋其他的池子里，就被人用来与自己的鱼杂交，十二红蝶尾出品率就变得非常低。他自己原种的鱼一直在养，大约2007年，一次鱼瘟，他的五花蝶尾和十二红蝶尾种鱼全部损失了。所以现在的十二红蝶尾，在如皋哪家都会出几条，但不像他那样，年年会出一定批量的，出品率较高。从某种程度说，十二红蝶尾也处于一种危险的境地。"

曹峰说："上海青浦地区有一个小鱼场，有年红白蝶突然出了一些十二红，繁育后出品率特别高，一年会出几十条十二红，北京的一个玩家把它整池买走了，出的价钱很高。但那鱼到北京后全死了，而他自己也失去了这个品系，这是另一个例子。"

鲍华说："你就不卖光，在金鱼养殖技术不到位时，一次病害就全没了。还有一个有名的例子，北京的鹅头红（宫鹅）突然消失了，我们讲中国金鱼第一人徐家，金鱼徐，徐立才家，老祖宗留下来的没了，金盆洗手，就是一次病害。他这鱼以前流出去，有个叫李福利的人在养，他不大交流，只是自己在家里养着玩。大家后来在网上讨论，鹅头红消失了，到处见不到，绝对绝种了。这个人突然冒出来，说我家有。结果这个鱼被挖出来了，这个鱼在国内传开了。李福利老觉得他的宫鹅头瘤不发达，有个人说，听说鹅头红是从王字虎里头演变出来的，王字虎头瘤发达，是不是让它与王字虎杂交一下？结果一下就完了，差点把这鱼毁掉。所以杂交对于金鱼的保育，是有副作用的。

如果不是李福利关着门养鱼，不与外界交流，他的鱼也保不住。现在市面上看到的鹅头红，大部分跟李福利的鹅头红有血缘关系。李福利把自己的鱼杂交后，这鱼不行了，但杂交前流传到国内其他地方的，都欣欣向荣。所以现在外面的鹅头红，比北京的养得更好。这是金鱼圈的著名典故。"

"这样看，原种还是应该多流出去，分散保养，基因才保得住。"

鲍华说："流出去也有问题。比如金鱼的头瘤分类，有高头型的、狮头型的和虎头型的，现在你在市面上，可能找不到纯高头型的，除了宫鹅，还算高头型的。但它与正宗的高头型的金鱼是有区别的。现在高头型的金鱼能看到的，有一种就是鹤顶红。但现在的鹤顶红，在向狮头型发育，在变化，这就是杂交造成的。现在金鱼界有个名人，他就在到处说，我培育了狮头型的鹤顶红，实际上过了若干年回头看，我们会觉得，他可能毁了鹤顶红。因为在民间，没有系统的保育去杂交，就会与其他纯种鱼混血。一混血，加进去一点点杂交的因素，纯种的东西就没了。杂交有可能向好的方向发展，但多数是向不好的方向发展。"

我说："你考虑过生物技术对金鱼育种的影响吗？"

他说："还没那么快吧。多倍体育种，没有稳定性；雌核发育超纯化，减少了纯化的时间，但实用性还不行。转基因的问题是不能遗传，玩鱼的不习惯。我做过调查，很多玩家不接受，还是喜欢传统的、原生的金鱼。金鱼发展到今天，两百年前的古人看到今天的金鱼，一定受不了。高科技的金鱼一定会出现，但我们看不到了。"

我说："你们做保育工作，有点螳臂当车、杯水车薪的感觉。"

鲍华说："民间保育的确很难，无计划，凭个人喜好，本来应该由政府相关部门来做品种保育和文献记载。我们要呼吁一下，金鱼这块，不要归农业部，应该归文化口管。"

曹峰说："金鱼属于非物质文化遗产，传承了900年，不能在我们手中断了。现在归农业部管，他们只知道要效益，注重生产力，每亩增加多少，不关心品种保育。"

鲍华说："比较可行的是国家补贴，建立活体基因库，让广大从业者分散型保存。比如政府只要你的猫狮纯系，给你资金，专门养纯系，既花钱少，养鱼人也从中得到些利益。最好还是放在文化口。"

我问："有没有申请非遗？"

鲍华说："有，失败了。中国金鱼第一家，金鱼徐，徐家世代为皇宫养鱼，但徐建民这一代早就没养金鱼了，他的父亲徐金生不让他养。他一直在开出租车，后来一看大家炒作金鱼徐，他就去养金鱼了，地方政府帮他申请非遗。他对金鱼全然不通，连金鱼都养不活。"

我说："我看了一个电视专题片说金鱼徐的，他的女儿要接班，是他吗？"

鲍华说："那也是金鱼徐的后人，徐立才。他的技术没有与时俱进，可能还不如普通的鱼场主，在坊间早已成为笑谈。比如徐立才抓了一条十二红龙睛，说是他杂交培养的，失传了400多年的品种，那不是说笑话吗？"

曹峰插嘴道："最搞笑的是，他拿的那条鱼还不是标准的'十二红'。"

鲍华说："不管怎么说，金鱼徐，毕竟还是我们的一个旗帜，徐家很多子孙争这块牌子。徐立才说让女儿接班，实际上他的女儿不愿接。谁愿意养鱼啊。"

田宝仲说自己祖上是开镖局的，武功赫赫有名；外公姓朱，是段祺瑞手下的一个军长，算是个军阀。我说："武术世家，那你也会功夫吧？"他也不答话，身形一矮，就地在塘埂上来了个漂亮的一字劈腿。看他动作矫健、敏捷，实在不像年过花甲的老人。

田宝仲是扬州人，1953 年出生，瘦小精悍。他与鲍华原来是熊猫集团的同事，受鲍华影响才开始养鱼。他的鱼场单独在一边，池里多数为小鹤顶红，头红身白。他说 11 月至来年 3 月是金鱼的半休眠期，不大动，喜欢扎堆。福州是宽养，一立方米一条鱼，鱼很大。我们是密养，一立方米 100 多条。还有更密的，扬州人一立方米可以养 30000 条。

他说南京的好处是鱼虫多。每天早上捞一个多小时就够，到处都有捞。虫好，鱼苗就好，品种也多，全国各地都来调苗。

阳光很薄，一方方水泥鱼池里，天光耀眼，水色碧绿，成群的金鱼像飘落在水面的散乱红叶。田宝仲拿着一个捞网，眼明手快，准确地把一条金鱼捞出水面，是养了七年的朱顶紫罗袍，全身紫色，唯独头瘤鲜红。朱顶紫罗袍是傅毅远最先培育出来的品种，极其珍贵。他遗憾地说："这条鱼品相不算太好。"他说鱼的体色会有时变浅，有时变黑，他养着用来提纯品种。提纯并形成一个稳定的品种，非常困难，意味着大量的时间投入。

　　田宝仲在池子里随手一捞，就捞出了一条十一红，每一处的红色都达到了标准，可惜嘴唇是白色；再一捞，倒是十二红，唇口的红色在内，张口才显露出来，合嘴则藏而不露，随着呼吸时隐时现，煞是好看，可惜背鳍的红色溢出一点到背脊。

　　他谦虚地说："要看十二红，要去如皋，他们做得更好。我是自娱自乐，闹着玩。十二红的基因很难稳定下来。繁殖一代，挑出几条不稀罕，我希望经过纯化，每代可以稳定地出现几十条百来条。"

　　田宝仲的池子里，最多的还是一群群鹤顶红。它们拖着轻柔的尾鳍倏忽往来，无忧无虑，全然不知道，自己身上寄寓着田宝仲的一生梦想。

　　"我小时候看到过一种鹤顶红，全身洁白，只有额顶通红，凤尾很长，大约是身体的一倍半，像穿着长裙的少女一样优雅。后来我就再也没看到那么漂亮的鹤顶红了，可能消失了。我养金鱼，最大的梦想就是恢复这种金鱼。已经提纯了好多代，色彩够了，尾鳍还差点，再过五六年会成功的……"田宝仲憧憬道。

民国时期，上海是南派金鱼的大本营，汇聚了江浙地区的各种金鱼，主要品种有朝天龙、狮子头、水泡、龙睛和鹤顶红。20 世纪 80 年代，上海动物园培育出了玉印顶高头、十二红金鱼、五花大蝶尾等品种，而王占海先生培育的四绒球和朝天龙水泡，尤其受到业界好评。

随着城市化进程加快，郊区鱼场逐步消失，近年来上海逐渐退出金鱼养殖业。但是作为一个超级大都市，上海无论在金鱼生产、消费和出口方面，仍然占有不可替代的重要地位。找到宾馆住下，我们就赶往吴刚的养殖场。

吴刚是浙江绍兴人，1965 年出生，大专毕业，学的专业是财务审计，1988 年毕业后在医院工作。因为从小爱好金鱼，1996 年在上海九亭租了 2 亩地，筑水泥池，正式开办鱼场。2000 年他还注册了"九亭金鱼"的商标。2003 年他在上海奥特莱斯旁边搞了第二个鱼场，15 亩。2015 年，他关闭老鱼场，在上海市清浦区金泽镇淀山湖西岑社区建了一个使用面积 55 亩、净面积 35 亩的新鱼场。

清浦区淀山湖一带，水域宽阔，池塘纵横，适合水产养殖。吴刚的鱼场还在建设之中，只建好了 200 个池子，他计划共

建 300 个水泥池,每个长、宽分别为 3.5 米、3 米。据吴刚介绍,上海养殖金鱼的鱼场有上百家,但大多数只有几十个池子,密养小鱼,利用上海的运输优势销往欧美。很少鱼场像他这样注重品种开发和繁育、大规模养殖精品金鱼。

吴刚说:"我养的主要是传统金鱼。俗话说'南高头、北绣球',长三角高头类金鱼比较有名,例如鹤顶红、凤尾高头。我们不养兰寿、琉金。我的鱼场里主要也就是高头类、文蝶(文种蝶尾)类、龙睛类、绣球类,以及各种凤尾蛋鱼,都是传统品种,销往东南亚、日本、台湾和中东地区。"

江浙沪地区是中国金鱼的起源地,历史悠久。现代以来,浙江的金鱼文化逐渐式微,上海、苏南成为传统金鱼的主产区。江苏的金鱼,早年有"扬州水泡、如皋蝶尾、南通珍珠、苏州狮头、南京顶红"的说法,如今继续发生嬗变。

夜晚,在吴刚家的客厅里,吴刚与何为两人,你一言我一语,相互补充,向我描述目前长三角的金鱼业状况。

何为说:"南通的如皋县以蝶尾为特色(他们认为早年福州的蝶尾应该叫龙睛,不叫蝶尾),但近年来也在扩充一些

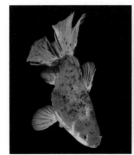

传统品种。今天的扬州，主要生产商品鱼，出口欧美，以黑龙睛、红龙睛、红狮头、鹤顶红、望天、水泡为主力，都是体长不超过 9 厘米的当龄小鱼，靠密度和数量取胜，产值并不低。这也是一种产业化养殖，每家 2 亩左右（以前以庭院为主），一条鱼以前卖几毛钱，现在卖一元多，一平方米池 2000 条左右。高密度养殖。一巴掌下去会拍死许多鱼。"

吴刚说："我这里一平方米池子最多养 12 条。"

何为说："徐州最早出来往鱼场扎上的人多，发现了养金鱼的商业价值，回到老家后也开始养金鱼。徐州是交通枢纽，发货方便。最近三五年国内金鱼价格高起来了，徐州的鱼场规划做得好，金鱼产业很快就超过了南通。徐州的金鱼是从扬州、南通、苏州等地学去的，品种都一样，只是他们把原来的品种养得更大，养到 12~13 厘米。他们这两年的鱼价比如皋还高，算是后来居上。泰州还有零星几家鱼场，像南京一样在萎缩。苏州也在萎缩。"

我问："浙江历史上金鱼文化很发达呀？如今怎么样？"

虽然自己就是浙江人，吴刚还是不屑地说："浙江人都做小五金去了，没人养金鱼。"

"河南人呢？你们怎么看他们养金鱼？"

吴刚说："河南南阳的鱼苗也是从苏州拿的。河南没有养金鱼的传统，没有文化积淀，从生产过程和养殖态度看，他们就是把金鱼当成食用鱼养。因为金鱼每斤比食用鱼贵，所以就养金鱼了。大家看不起河南人养金鱼，就是因为这原因，他们不尊重金鱼，把金鱼像食用鱼一样论斤卖，挑鱼的时候随便扔，让人无法接受。"

何为道："但是河南的资源好，土地和人力便宜，产量大，你还回避不了。"

我说："闽粤地区也是产业化养殖，品种和你们的很不一样。"

吴刚说："福建广东养兰寿、琉金，都是日本来的品种，他们地理气候有优势，生长期长。福州的兰寿当年可以养到17~18厘米，广东长得更快，琉金当年可以养到20厘米；但上海当年只能养到13~14厘米。"

何为说："这些年越南、泰国的金鱼养殖发展得很快。泰狮在国内很热，那种公鸡尾，俯视不能看，只能侧视，但符合现代的生活方式。俯视是传统庭院文化的产物，现在城市人都住公寓，用玻璃水缸养金鱼，侧视代表了金鱼观赏的未来。"

吴刚说："我的鱼池不止养金鱼，还养了不少热带鱼和锦鲤，是综合鱼场。我估计金鱼五年内就要走下坡路了，争取三年后脱手。说实话，金鱼是我自己喜欢玩，我从12岁开始养金鱼，有感情。热带鱼是生产性的，好卖，挣钱。锦鲤命长，可以活50至70年寿命，算是一种储备。比较起来，养金鱼最累、最难，我去养热带鱼，很容易上手，比别人养得好。"

说到金鱼养殖的区域差异，吴刚说："我们主要做尾，大尾、宽尾、凤尾，发掘传统金鱼的特色。大尾巴容易走形，淘汰率很高。"

何为评论说："北京的李勇只做蛋鱼，是抓住传统的一个点。吴刚做祖宗的鱼，也重视商业价值，他做整个金鱼的脉络，草文龙蛋，他都做，要找回传统金鱼的品种。江浙沪地区，传统文化最深。艺术重视气韵，金鱼的韵味主要体现在尾型上，例如传统的汉服的宽衣大袖、戏曲里的水袖、仕女画中的长裙，都有一种飘逸之美。北京人注重气势，宫廷金鱼要皇家气派，主要体现在重视头型上。江浙讲究韵味，所以重视尾型。闽粤注重生产性能，讲产值，要求金鱼体型健壮，丰硕。闽粤的金鱼，是融合了中国金鱼审美的日本金鱼，受到日本审美的影响。日本美女是健康的美，一目了然；中国美女是大家闺秀，淑女，风情万种，像水袖一样。中日两国的金鱼审美有很大差异。例如，我们传统的金鱼讲究直背、细腰、长尾，像淑女；但日本讲究弓背、围筒、短尾，头型有棱角。你仔细看看，日本审美已经不知不觉影响了我们的传统金鱼。"

何为有个小鱼场，收集了不少精品金鱼，在上海市浦东新区祝桥镇。第二天，我们开车过去，准备拍些鱼。鱼场在田野中间，三个大棚，里面有几十口池子暂养金鱼。何为喜欢摄影，在鱼场附近租下了一栋民房，布置成摄影室。小孙——一位20多岁的年轻人，帮我们挑拣金鱼。

小孙是安徽人，2009年开始养金鱼，最初在苏州，后来才到上海。他说，苏州养的鱼，主要是虎头、珍珠、狮头、蝶尾等；这里是凤尾多，还有琉金、丹凤、鹤顶红。

小孙不大爱说话，但是有问必答，我顺便知道了一些常识，虽然只言片语，但是很有意思，顺手记下：虎头都是蛋种，短尾巴；狮头有背鳍，是文种，有长尾、宽尾和短尾。蝶尾一定是龙睛，没凸眼的不叫蝶尾，是垃圾鱼，可以扔掉了。泰狮头小，国狮头大、方正。凤鹤（凤尾鹤顶红）主要看尾巴、背鳍，网上卖100元一条。五花丹凤主要看背和尾巴，吴刚养得很好，但他只卖公鱼，可以买来杂交。红丹凤次品率很高，1万条挑不出一半。狮头的次品率低，1万条有6成正品。热带鱼正品率最高，几乎没有次品。

回酒店，要穿过陆家嘴，就在一家咖啡馆喝咖啡。转了一下附近的高楼群。这里聚集着中国最高最著名的天际线。傍晚下起了雨，高楼入云，仿佛未来世界。

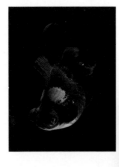

◎
宫廷残梦

媒体天天报道北京的雾霾，让人闻风丧胆。2016年1月6日，我们来到北京，天色湛蓝，大气透视度挺好。我觉得北京人大惊小怪。出租车司机说，你们运气好，北京难得这么好的天气。

我们去花乡花卉产业园，寻找一家名叫"汉鳞汇"的金鱼店。在福州鱼场拍摄金鱼的时候，海峡书局曲利明巧遇一位北京客商张达，约定到北京的时候见个面，看看他的店。所谓产业园，就是郊区一大片临时性的平房，汇集了花卉、水族、奇石、工艺品等林林总总的商铺。

张达是1988年出生的年轻人，地道的北京人，一口京片子。汉鳞汇一共5间店面，约110平方米，一排排玻璃缸里，游动着颜色艳丽的各种金鱼。"你可能不知道，全北京我的金鱼店最大。"张达的口气里，并非自豪，倒是有点无奈。北京的水族店有几千家，都是卖热带鱼的，专门做金鱼的店只有三四十家，都是些小店。

　　我有点好奇，问道，"据你估计，在水族店里，金鱼店占的比例大约多少？"

　　"大约 5%~6% 吧。"他说，"家里养鱼的，我们说有水缸的人家，100 家里，大约也只有五六户养金鱼。其中多数人养普通金鱼，一二十元一条，真正养高档金鱼的，也就是 300元以上一条的，估计只有 15%~30%。与几十年前比，金鱼真是边缘化了。"

　　张达在大杂院里长大，家门口有口大缸，父母亲为哄小孩，从小就让他养些小狮头、小龙睛，他因此与金鱼结缘。从北京大学医学院临床心理学系毕业后，张达做过一段胰岛素代理，2010 年在十里河天骄文化城开了个金鱼店，去年 11 月因为北京市出台了一个规定，三环以内不能有花鸟市场。于是，他就搬到这里来。

　　"金鱼其实很好养。"他说，"不要加热，控制水温。金鱼历史悠久，有文化；色彩艳丽，也很时尚。就是性价比也比热带鱼高。在新加坡，金鱼的价位比热带鱼高，国内倒过来，金鱼的价格比热带鱼低。

"汉鳞汇只做精品金鱼生意，金鱼的主要产地，分别来自福州、北京、日本和泰国。福州金鱼更符合中国人的审美，表情憨厚，色彩鲜艳，体型浑圆、大气，适合俯视和侧视，很受欢迎。他们当初用五花虎头、狮头与日本兰寿杂交，为中国金鱼翻开了一个新的篇章。日本人标准化养鱼，精益求精，也达到了极致，所以日本兰寿、锦鲤非常贵。泰国人迎合市场，所有金鱼都是侧视型的，也很受欢迎，泰狮、泰寿在东南亚火爆了十几年，在中国也热了五六年。目前市场上，论价位，还是日本金鱼最高，其次是泰国金鱼，最后是中国金鱼。"

"你店里什么鱼最好销？什么价位？"

"最好销的是兰寿和狮头。福州鱼很受欢迎，个大，我也在做推广。福州的兰寿当岁鱼，10~11厘米的，价位在100~120元之间；18厘米以上的两岁鱼，1500~3000元之间。在国内的鱼里面，价位算很高了。"

"你店里有卖河南鱼吗？"

"没有，太便宜了。我告诉你，福州的两家花鸟市场，都在卖河南鱼。潘国诚和李永杰的店，我一看都在卖河南鱼，十几二十元一条，倒是很少他们自己的鱼。这跟消费水平有关系。同样大小的鱼，福州鱼的价格是河南鱼的十倍。话说回来，我觉得河南鱼也是有贡献的，他们把草金、龙睛、长尾琉金普及化大众化了。锦鲤是贵族鱼，不是普通老百姓养得起的，但河南

人卖锦鲤，十几二十元一条，把价钱拉低到鲤鱼的水平。"

谈到北京金鱼，当然离不开王字虎和宫鹅。张达指着一口大陶缸，说："这里面就是王字虎和宫鹅。"我连忙探头看，清澈的陶缸里，只有4条鹅头红，3条红虎头，都是蛋种，个头都不大。所谓宫鹅（宫廷鹅头红），与江苏常见的凤尾鹤顶红差异不大，白身、长尾、额瘤一点鲜红，只是没有背鳍。红虎头的头瘤十分发达，我仔细地看了一会儿，还是不得要领，只好虚心请教："我没看到'王'字啊？"

张达笑道："不是真的写了个'王'字。你看，它的一整块头瘤有一道竖纹，三道横纹，分成了六瓣，看上去像个'王'字。当然，这个不大明显。现在的王字虎，还没恢复到以前最好的时候。所以北京成立了王字虎保育会，会长是林海，我也是其中的成员。"

"我听说了王字虎保育会。"我说，"你们的目的是重现最好的王字虎。什么时候的王字虎最好呢？三十年前？还是解放前？"

他说："解放前的事谁也不知道，但是解放后，大家公认刘景春先生把王字虎养到了极致，很多人见过，大约是20世纪六七十年代。我们还在努力，再过七八年，应该会成功。北京这边是慢养，当年鱼只有七八厘米，慢慢来，急不得。"

　　我说："你们保育会要把鱼种分到其他地方养，比如福州、南京，说不准就成功了。"

　　他摇摇头："有这样做呀，我们请福州的潘登磊养王字虎，全死了。他也养过鹅头红，养不好。也有请南京、广州、杭州、山东的鱼友养，都没养出刘景春先生的水平。一方水土养一方鱼啊。"

　　我请张达谈谈各地金鱼的特色。他说："北京的金鱼就是宫廷金鱼，以王字虎和鹅头红为代表，现代的刘景春老师是一个顶峰，李振德老师延续。卢钧赢先生家世代养丹凤，他是第4代，也是我的师傅。北派的金鱼还不能忘了天津，他们的五花狮头、鼠头珍珠养得很好。江浙地区是金鱼文化的源头，凤尾高头养得好，什么凤尾、长尾、宽尾，走优雅婉约一路，把金鱼最柔美的一面淋漓尽致地发挥出来。福州的兰寿是引进日本的新生代金鱼，威武雄壮，与传统金鱼没什么关系。他们挑选很严，一池只养十几条，品质很高。广东人学福州人养琉金，因为气候条件更好，养得更大，但是许多养鱼人原来都是养鳗鱼和石斑鱼的，转过来养金鱼，比较粗放，没养出很好的金鱼。"

第二天，我们去北京东北郊的顺义区看李勇的养殖场。冬日的清晨，天空蔚蓝，白杨树都落光了叶子，显得十分萧索。拐下京承高速，道路大而空旷，车辆很少。山脉在远处的天际线上起伏，平野辽阔，但是缺乏河流、池塘与湖泊。李勇的鱼场坐落在北小营镇前鲁各庄，被高过人头的院墙团团围住，黑红色的铁门。除了鱼场的主人李勇，还有李振德先生、天山雪（黄宏宇）先生都在，都是我们要拜访请教的人士。

走进门，看见露天的几个水池结着厚厚的冰，没有鱼。鱼都在三四排塑料薄膜覆盖的大棚里。大棚里的一格格水池也结了冰，但是比较薄，水浅，偏绿色，冰层下的金鱼影影绰绰，偶尔动弹一下，像是被囚禁在梦幻里。

李振德说："北京太冷，金鱼要进大棚冬眠，这时基本不进食，少活动。一般在立冬前后（大约11月8日）就要立起大棚，暖冬的时候可能推迟；一般在春分前后（大约3月

20 日）才打开大棚。因为生长期很短，只有 4 月到 10 月，鱼长得慢。福州养一年的鱼，比得上北京养了两三年的鱼。"

我问："是不是说，北京的气候比较不适合养金鱼？"

"不能这么说。冬眠期不是坏事。"他说，"北方的鱼寿命长，可以活七八年，到五六岁还很健康；福州的鱼一年生长 12 个月，但寿命就短了，还有个毛病是塌腰。北京人养鱼，不喜欢它长得快，第一年要'蹲苗'，不让它超过 10 厘米，塑造体型；没蹲苗的鱼叫'体糠'，就是没筋骨，身体虚弱。气候不同，南北养殖金鱼有很大差异。"

李振德老师出生于 1945 年，是北京金鱼界的元老，也是"宫廷金鱼"这一概念的提出者。1984 年，他代表北京市花木公司在美国纽约举办首届金鱼展览，命名为"宫廷金鱼展"，轰动海外，这个名词不胫而走。北京金鱼因为有了皇家血统，便有了嫡系正宗、领袖群雄的意味。

他客观地说："北京金鱼是从宫廷流向民间的。但是这些宫廷金鱼，最初也是南方进贡来的。

"民国初年，北京形成了两个金鱼中心，一个是城东的高碑店，主要产草金鱼；另一处是天坛公园北侧的金鱼池，也就是老舍写的'龙须沟'的沟尾。金鱼池当时是一大片池塘，旁边散布着知乐鱼庄、来顺鱼场和牟氏鱼场等金鱼养殖场。来顺鱼场的徐家，牟氏鱼场的牟家，都是为清宫养金鱼的世家。解放后牟氏父子和徐氏子弟都进了北京市花木公司的金鱼场。知乐鱼庄是当时最大的金鱼养殖场，占地百余亩，主人曾毓隽是晚清官吏，福建闽侯人，把鱼场交给属下赵家经营，解放后曾家把鱼场上交国家。"

李振德小时候，家里就住在曾家的厨房，他算是这段历史的见证人。

解放后，北京市的金鱼养殖中心，转移到各个公园和动物园，展出给老百姓观赏。中山公园的狮子头、北海公园的虎头和各种绒球、动物园的红头帽子、天坛公园的牟氏龙睛、文化宫的鼓眼帽子（高头龙睛）都很有名气。"文化大革命"之后，各公园的金鱼都集中到了紫竹院金鱼场，当时共有77个金鱼品种。1978年后，辽宁、河北、天津、山东、湖北、江苏、上海、福建、广东等地的金鱼养殖场纷纷来北京引种，北京金鱼散向全国。

李振德15岁参加工作，就在北京市园林局花卉管理处养殖金鱼，师从牟氏父子。1975年，他成为紫竹院金鱼场场长，一直工作到2005年退休。他本身就是当代北京金鱼养殖史的创造者、亲历者和见证人。

我说："李老师，你见过刘景春先生的王字虎。很多人说，今天的王字虎不如他养的好，到底差多少？你说说看。"

"刘景春老师养的鱼，头瘤好。现在的鱼，背好。"他说。这让我略略吃惊，老人家并非今不如昔论者，肯褒扬今天的金鱼。他又补充道，"其实说过去的金鱼好，很多出于想象。我觉得现在的鱼很不错。王字虎头上的字，刘老师养的，也不是一个完整的'王'字，也要依靠想象。有多像，很难有个标准。

"北京人养鱼，更多是玩家心态，不大考虑商业利益。

王字虎第一年根本看不出来，要到第三年才发育较完全，花的时间很长，但在过程中，玩家也就有个长时期的享受。1990年前后，北京也流行过坑塘养殖金鱼，几乎家家养。我个人认为是一条弯路。还是应该发展池养，养殖精品金鱼。

"江浙是中国金鱼的发源地，但是看起来金鱼高潮已过，很多品种勉强维持而已，只有一个如皋的蝶尾，算是成功的。以前很多苏州人在庭院养金鱼，现在养鱼户减少了很多；杭州动物园过去培养出了很多名种，现在杭州不行了。

"福建和广东产业化养殖金鱼，也是一条路子。但广东人一窝蜂养琉金，过去的珍珠没了，挺可惜。上海五花、广州珍珠，以前很有名的。广东有一种大红头，与日本的出云南京很像，可能也没了。养金鱼不要刻意追求数量，还是要追求质量，珍惜和做好现有的传统品种。日本金鱼就那几个品种，但在国际上，就压倒了中国金鱼。"

养鱼很辛苦。冬天金鱼休眠，对李勇来说，也是难得的放假和休息。鱼场里养了4只狗，跟着我们进进出出，还有一只猫。李勇说，经常有黄鼠狼来偷鱼，没有狗不行。

你想不到养鱼有多麻烦。金鱼的最大天敌是大型鸟类，北京顺义区有二三十种鸟吃鱼。翠鸟，体型小，但嘴特别长；还有白鹭、喜鹊等。不能捕，只能驱赶。黄鼠狼和水蛇，冬天没有食物，千方百计来偷食。我看见福州和南京养鱼，都安装了防鸟网，罩住天空。但李勇的鱼场没有，也许因为冬天金鱼都在大棚里，到了夏天，想必也离不开防鸟网。

李勇戴着眼镜，看上去像文弱书生，但独自跑到这荒凉的远郊来养金鱼，这份意志力，让人敬佩。他是 1962 年生人，北京人，一口地道的京腔，说话慢腾腾的。他说，他从小养不起金鱼，看人家养，很羡慕。1979 年他就读于北京轻工业学院（现在叫北京工商大学）微生化学生化专业，毕业后在北京啤酒厂工作。有条件了，他就想圆养金鱼的梦，1983 年他与大学老师一起养了一年多的金鱼，是坑塘养殖，8 亩大的一个池塘，分成两个小塘。但他总觉得养殖金鱼，不论家养还是公司养都不过瘾。2004 年，就来到顺义租了一块地，建小池精养。他的鱼场有 120 口水泥池，每个 3 米 ×3 米或 3 米 ×4 米，还有一些孵化池。

他说："北京还有不少家坑塘金鱼，但小池精养，只有我一家。这也算是产业化养鱼，但与福州的产业化不大一样。福州是完全面向市场的，我有 70% 的鱼类不计较市场，是个人兴趣。我的鱼以北京的传统品种为主，包括王字虎、蓝虎头、紫虎头、雪青虎和鹅头类、球类的金鱼。水泡类较少。每年出场 3000~5000 尾，主要供应北京的玩家，这几年也扩大到全国各地。"

"挣钱吗？鱼场的运作没问题吧？"我问。

　　"不挣钱，但还能维持。普通的当岁鱼，大约一条卖一元钱，雪青虎贵一点，1000元1条。每年产量15000尾左右，大部分不上市。虎头类都不卖当岁鱼，二岁三岁才开始卖。两岁以上的鱼，每年卖五六百条，好的宫鹅大约3000元，客户要来自提。每年参赛还要消耗百来头。幸好，精品金鱼总是供不应求。怎么说呢？只能说以鱼养鱼没问题，养家糊口没问题。"

　　"这边没有池塘，鱼虫怎么办？你要雇人捞鱼虫吗？"

　　"我自己捞，雇不到人的。北京话说，水不酽没好虫。找虫真不容易。我每天早上3点起床，单程80公里，来回160公里，跑到北京、天津、河北交界的香河镇去捞。一般捞10桶左右，8点之前赶回来。鱼虫要过三遍筛，如果粗细不匀，喂不好金鱼的。每年3月开始出鱼，草履虫是开口饵料，喂上三五天，才可以喂幼红虫。从3月中旬到8月初立秋，活饵要喂5个月，天天都要去抓虫。"

"真辛苦。我采访过不少养鱼人，大家都说最苦的就是天天捞虫。"我感叹道。

　　"在北京养鱼，最苦的不是捞虫，而是挑鱼。"他平静地说，"每天挑一池鱼，9万尾鱼苗，不吃饭要挑9小时。一共四五十池，挑一轮就要1个半月。一选二选最难。每年要挑选5轮，除了休眠期，差不多每天都在挑鱼。有的鱼，如宫鹅这样的双色鱼最难。红斑要正好落在顶瘤的中央，1万尾出10~15条就算不错了。在传统金鱼里，鹅头红的要求比较高。"

　　李勇的鱼场，挂着"北京顺民义友观赏鱼养殖基地"的铜牌，还有块"北京市宫廷金鱼繁养示范基地"，还是北京王字虎保育会的基地。可以说，这是北京金鱼玩家最寄以厚望的一个鱼场。李勇的养殖理念，是挽救、保存和恢复北京金鱼的传统品种，重现宫廷金鱼的荣光。这也是北京鱼友们的共同目的。

　　2013年，李勇曾经把北京的蛋种高头类金鱼发往南京、福州、杭州等地，请鱼友们繁育。他说："每个地方，一个品种大约发了二三十尾，10对左右，结果不大理想。例如鹅头红的马鞍背，变成塌背了。大家对金鱼的理解不大一样。王字虎第一年第二年没有观赏价值，第三年就很好看。经过这几年的努力，王字虎总体比20世纪80年代更好。我也不同意神化过去。"

　　谈到养鱼的体会。李勇说："北京以前是用瓦盆、木海养鱼的，现在追求生命力，用大池养。我也在摸索用现代科技养传统金鱼。金鱼就两种，文种和蛋种。我养的几乎都是蛋种鱼。我觉得，养鱼第一要紧的是'细'。北京人玩鱼不讲究，就叫不细致。比如颜色，中国人追求从里到外的体色，你把鹅头红的鳞片拔下来，它还是冷光调的白，带点蓝；日本人追求的是表色。对一条鱼的嘴、鳃、眼袋都有严格要求。嘴不平的不要。北京追求的虎头、泰寿，鳃要薄。不同习性的鱼，要投放不同的饵料，塑造金鱼的过程很讲究。例如宫鹅顶瘤的质感，要越细越好，有的像绸缎，有的像棉布，要分辨。日本的土佐金，静看好看，但游姿难看。兰寿最早是武士养出来的，身上带着武士的气质。日本人把金鱼的各部位细分，让我们观察更细腻，这是他们对金鱼的一大贡献。

"第二是要'散'，不要'独'。北京人养鱼，只图自己高兴，有点像八旗子弟，玩得很'独'。有了好鱼，只想自己独占，你再有钱我不肯卖，弄得品种越来越少。这不好，要玩得洒脱，要懂得分享。前些年我全国到处跑，去换人家的鱼。我的鱼有 70 多种，每年还要恢复一两个品种，让它定型三到五年。定型的同时也要扩大种源，我不想做'独'。老品种的花色也在逐渐恢复，虎头过去只有红白两色，以红色为主，现在有紫、蓝、雪青、五花、长尾、短尾等颜色。2011 年，我培育出了蓝鹅头红、凤尾鹅头红。今年可以上市蓝高头虎，如果鳃薄一点，它就可以称为蓝王字虎。"

从前，北京养金鱼之风很盛，如今玩家们兴趣广泛，不一定养金鱼了。据李勇观察，平均每 50 户里面，会有一户养金鱼。因为人口基数大，关心北京宫廷金鱼的微信群，也有几百人。他自己离不开金鱼了。有一回病得很厉害，心肌炎，卧床不起，他让人把金鱼端上炕，天天看着，结果病好了。

对于福州的产业化养殖金鱼模式，李勇表示尊重。他说：

　　"我第一是羡慕人家，能挣钱是好事；第二肯定他们有贡献，拓展了中国金鱼的市场和影响力。但是我不会这样做，我是玩家，只是想玩到极致。"

　　2005年，天山雪（黄宏宇）创办了一个名叫"中国兰寿网"的网站，人气很高。我去看过，讨论很深入，堪称国内最大和最好的金鱼网站。我感到疑惑，兰寿是日本品种，引进中国后主要产地也在南方，他一个北京人，为什么对兰寿情有独钟？

　　"因为兰寿好看，因为兰寿流行，因为兰寿是在金鱼品种发展的最高阶段，因为兰寿可以聚集众多有挑战精神的爱好者在一起。所以，我喜欢！"他宣称。

　　天山雪1969年出生于北京，祖籍广东，学的是广告设计专业。与很多北京人一样，从小就养过金鱼，有金鱼情结。工作后有条件了，又开始玩儿鱼。先在家里盆养，再到郊区租地池养。在通州租了10亩地，建了几个大棚，有1000多平方米的养殖水面，是一个小规模的鱼场了，那里养着一些非常传统的金鱼。

　　"我刚开始玩日系兰寿，后来玩传统金鱼，有鹅头红、丹凤、龙背、长尾虎头、水泡等品种。"他说，"为什么喜欢兰寿呢？因为离原始阶段的金鱼——金鲫——最远。日系兰寿的追求目标是反自然规律的，他们用了200多年时间把金鱼的体型从圆型、流线型，打造为近方形，用人工战胜了天工。兰寿的塑造比其他金鱼品种更难，要达到理想的标准，需要近乎决绝苛刻的筛选淘汰，以及非常耗费时间精力的饲养手法。所以他们把兰寿称为金鱼之王。

"蛋鱼流入日本培育出兰寿，留在国内的培育出了虎头。日本人养鱼专精，有匠人精神，大部分玩家只养一个品种，有些家族几代人只养一个品种，这与文化有关，也和地域环境有关。中国地大物博，金鱼又有以奇为美之说，俗语说金鱼不怪，玩儿鱼的不爱。养鱼玩鱼的人多，有足够的基数，才容易玩出花样，这是我们的优势也是劣势。在花色品种上，我们有绝对的优势，而在单一品种质量的提升上，则远不如他们。"

他举例说："日本兰寿品种十分稳定，单就蛋种鱼的光背这一条，就抛开我们所有的蛋种鱼品种很远。用纯系的日寿繁殖的子代均无背鳍，扛枪带刺的几率接近零。日寿传到福州逐渐演变成福寿，在东南亚大受欢迎。从前，世界只看到了日本金鱼，改革开发后，通过香港这个门户，世界也看到了福州金鱼。福寿的问题是品种没有纯化，基因不稳定，这些年变化很多，出来很多类型的鱼，可都不完美。近两年

泰国人做出了一种非传统的'泰寿',身型饱满、背脊宽厚、游姿稳健,已经超过了福州兰寿。"

说到"中国兰寿网",他表示,"一是想建立一个学习交流的平台,二是想倡导一下日本兰寿玩家精益求精的培育理念,以点带面促进国内金鱼的发展。网站也的确带动了很多金鱼爱好者的热情。通过网站统计,山东、北京、江苏、浙江、广东、上海、湖北、河北、河南这些地区的鱼友热情最高,我们在这些地区都组织筹建了地区鱼友会。另外,网站也汇集了全国大小鱼场、鱼店六百多家,它们可以在这里获取市场信息,甚至宣传销售,方便了生产者和爱好者的直接沟通。"

谈到金鱼市场,他说,"北京养金鱼也有过一段很繁荣的时期。朝阳区的黑庄户被称为'金鱼乡',许多养殖户都有几十亩的鱼场,坑塘养鱼的有几百户,从20世纪80年代一直到2006年,持续了20多年。黑庄户的品种主要有墨龙睛、鹤顶红、长尾琉金、狮子头等,以文种鱼和草金鱼为主,比较低端。他们对金鱼的普及有贡献,但也把一些品种做滥了。产量越大就卖得越便宜,越便宜就越没人做品质,品系也就越退化。最终黑庄户沦为河南金鱼贩售的中转基地。"

在观赏鱼的市场上,金鱼还受到热带鱼的冲击。天山雪回忆说,"自己小时候就有不少人养热带鱼,但远远比不上现在,早前也就十几个品种,现在水族市场上千奇百怪,各种鱼鳖虾蟹应有尽有。与稀奇古怪的热带鱼海水鱼相比,金鱼无论在形态还是色彩上,在一般人眼中,都差了不少。年轻人觉得养金鱼不够时尚,缺乏时代气息。

"在我看来金鱼行业最缺乏的就是两样东西,一是标准,二是规则。没有这两样，行业发展不好。你再费尽心血培育或者改良一个品种，只要流向市场，就难以再控制，会被大规模复制。大多数鱼场就只有跟风，几年换一个品种。大家一起把一个品种搞砸搞烂，再搞下一个品种。"

他透露说，自己正在培育一个名叫"夥龙"新品种，深藏不露。

"我是在丹凤中选择突变的个体，分离出来的，逐年纯化，稳定了下来，取昵称叫'夥龙'。"他说，"这个品种属于蛋龙，也叫龙背，其实是一个很古老的品种，现在基本上消失了。我已经做了些年，有十多个花色，现在还没有外流。我很担心，这个品种还没做到极致，就流到市场，我自己还稀罕得跟宝贝儿似的，人家外面市场上已经几毛钱一条了，那我就没心思再做下去了。如果现在卖，一开始销售可能有不错的回报，但是过后，这品种就会被毁了。我不想要这结果。

"当然封闭养殖非常不好，也容易导致品种的退化和流失。鸡蛋在一个篮子里总是很危险。我前几年做出过一个品种，比较引以为傲的，就是墨朱砂，是全黑色的水泡，两只水泡眼是红色的。做了几年，还没有稳定成型，那年我把挑选好的几百条鱼都放在一个池子中，非常开心。不幸，我发现它们都烫尾了，一时着急，全部倒进了一个新凉好水的 30 平方米水池子中，还特别给拉了遮阳网。折腾了一下午，我以为搞定了，安心了。第二天再过去一看，一池子一条没剩。那真是绝望啊。"

"玩儿鱼是一件很纠结的事儿。"天山雪总结说，"你要是陷进去，就很难拔出来。你不动手，完全可以高高在上，看似高瞻远瞩，站着说话不腰疼。而一旦你开始深入进去，一步一步地做，就完全是两码事了。如何能够把一个品种做精做强，做到品种自身的极致，而不受市场干扰，我也还在纠结中。"

林海个子瘦高，说话直率，很有想法。我是 2016 年 3 月在福州采访他的。他祖籍福建莆田，1973 年出生于湖北，6 岁迁到北京，毕业于北京国际关系学院，现在一家能源企业工作。因为传统文化功底扎实，观点鲜明，又擅长写作，他在网上发表的一系列讨论金鱼的文章引起了广泛关注。

与许多人一样，林海的金鱼情结也来自小时候养金鱼。他说小学四五年级时，想让金鱼吃好点儿，往鱼缸里撒牛奶，结果金鱼第二天全死了。他也学着别人去捞鱼虫。印象中，儿时不断买金鱼，不断死金鱼，于是从书中寻找答案。他在书包里装上徐金生的《中国金鱼》来到鱼市，参照书中的插图来挑鱼。30 多年来他一直都在养金鱼，但只有工作以后，才有经济能力买到好鱼。他现在露台养鱼，用日式玻璃钢水槽，十几个平方的水面。近期专注于定向培育蛋种发头型金鱼，主要是王字虎头、鹅头红等。

从 2003 年开始，林海混迹于中国金鱼网，认识到网络的力量。2005 年，他认识了朋友大苏打。大苏打也是很有名气的金鱼作家，介绍林海为《水族世界》撰文，没想到一发不可收拾，备受读者欢迎。差不多同时，天山雪开始办中国兰寿网，邀他做版主，林海以雄健的笔力，率先为福州兰寿（国寿）辩护。

他说："当时有种观点认为，福寿是日寿的退化产物。我认为是两种风格，福寿雄浑，日寿雄悍，'颜筋柳骨'，也可作福寿日寿之比。"他与人打了好几年笔战，保存在兰寿网的"国寿雄风"版块里。

林海感到遗憾，2009 年以后，福寿开始走向卜坡路，与心中的理想国寿渐行渐远。于是他转而关注北京的传统金鱼品种。当时鹅头红、王字虎十分罕见，近乎濒危。他写过一系列关于"寻鹅（鹅头红）"、"寻虎（王字虎）"的文章，唤起了人们的危机意识。2014 年，北京鱼友们自发组织起一个王字虎保育会，他担任会长。他说："去年搞了次品评会，有进步，王字虎种群规模开始扩大，今年可看的鱼更多。"

"我是一个业余玩家，在网络发文 10 几万字，有点影响，有时被请去做评委。"他谦虚地说。当然，没人会相信林海真的如此谦虚。他给人的印象是才华横溢、辩才无碍、十分自信。

林海认为："三四百年前中国的蛋金流入东瀛，日本培育出了兰寿，在中国则演变出王字虎。中日两种不同的审美文化，对金鱼的塑造产生了很大的影响。日本人重整体，讲究头身尾的协调表现；中国人重视局部，把金鱼的头瘤做高做夸张，这一来就相对忽视了身型和尾型；各有千秋。王字虎和鹅头红是宫廷金鱼的代表，红虎头尤其有皇家气派，用刘景春的话说，就是'金鱼之冠'，观赏期比南派金鱼虎头持久，更耐玩。通常南派虎头三岁后头瘤就发散了，余味不足；北派金鱼的头瘤越养越高，有岁月沉淀的韵味。这也体现了南北金鱼的地域审美差异。"

他的谈话里，说到了南派金鱼和北派金鱼。我问道："你是怎么划分的？以那条线为界？北京、天津是北派，长三角是南派吗？那闽粤呢？"

他说："中国自然地理学上的南方北方是以秦岭、淮河一线划分的，对'南鱼''北鱼'而言不尽准确。"

"为什么呢？"

他沉思了一下，说："我觉得划分的标准要看金鱼是否有冬眠期。金鱼在水温4度以下进入冬眠期，7度为浅度冬眠。北方的金鱼每年要深度休眠两三个月，不吃东西，在沉淀，这仿佛一个波折，提升它的内在韵味。没有冬眠期的鱼，没有沉淀，厚度不够。"

"长三角的金鱼有冬眠期吗？"

"有浅度冬眠。"他说，"如果以有无冬眠期为标准，则中国主要金鱼产区，江浙、山东、河北、京津塘等可归为北派，代表性的有虎头、鹅头红、水泡、蝶尾等传统品种；闽粤和东南亚为南派，代表性的有琉金、泰狮和国寿等新兴品种。地理气候、养殖传统等对品种演化有很大影响，比如日寿在武汉就养得很好，基本没有走样儿；但是在福州养，就改变了，本土化了。"

"这样划分，你把传统的金鱼产地都归入北派了，南派都是新兴产地。"我说。

"可以这么说，在某种程度上也对应了金鱼文化上的差异。北派'文'，承袭宫廷金鱼传统更多，注重俯视的金鱼品种；南派'野'，表现的是一种原始的生命力和爆发力，在当代以培育发展侧视品种而在商业层面后来居上。"

林海思维敏捷，观点独特。他说："虎头是最能代表中国金鱼的品种，是最高端的传统金鱼，还有蝶尾，表现力也非常成功。日本人称兰寿为金鱼之王，称土佐为金鱼之后；中国的金鱼之王就是虎头，金鱼之后就是蝶尾。"

对侧视鱼的大行其道，他并不以为然，认为这只是中国金鱼在现时代，因赏器、环境等外在条件限制所作出的妥协，而绝不意味着侧视品种比俯视品种有更高的审美价值。所以，不能因侧视鱼一时的市场之盛就把俯视鱼视为注定要被淘汰的东西，甚至人为加速其毁灭。相反，越是在这个时候，对俯视鱼，特别是像王字虎、鹅头红这样的传统代表品种，越要有珍惜之情、保护之举。当然，这个任务交给鱼场，有点儿勉为其难，因为他们要靠鱼吃饭。可能最终挑大梁的，是相对专业的资深玩家。

"怎样才算资深玩家？一个标志就是从'赏养'进化到'玩养'。何谓'玩养'？就是要做鱼、繁育，像画家创作一幅好画那样去培育大家认可的新品种或品系。往极端里说，你不搞繁殖，就称不上玩家。"

"所以金鱼家养将越来越贵族化？"我有点疑惑。

"谈不上什么贵族不贵族，但'赏养'和'玩养'会日趋分化。"他像个先知，斩钉截铁地预言，"随着'玩养'的成熟，高端金鱼将逐步从侧视回归到俯视。"

闽粤和风

○

临近春节的深圳，天气颇冷，但山林田野依然是一片葱绿。我们开车前往东莞市石碣镇的东海水族公司东莞分公司。路程很近，天空阴沉，淅淅沥沥飘落着细雨。前段时间打黄，"制造王国"东莞遭受重创，但我们穿行在乡村道路上，感觉不到变化。

按事前约好，陈镇平在公司里等我们。在各地采访金鱼界人士时，我无数次听到过陈镇平和他的东海水族公司名字，如今是第一次见面。他是个彬彬有礼的精瘦中年人，皮肤较黑，戴眼镜，不大说话。开口也是轻声细语，一声吩咐，手下立即照办，效率很高。

东海水族的东莞鱼场面积不小，数百口水泥池，还有十多个大池塘，汇聚了各种金鱼。广东以坑塘精养金鱼闻名，但东海水族并非单纯的鱼场，而是一家面向海外市场的金鱼贸易出口企业，以销售高品质的展览级金鱼为主，生产和科研兼具。30多年来，因为陈镇平及其东海水族公司的努力，中国金鱼的版图发生了重大变化。

陈镇平 1966 年出生于香港，祖籍汕头市澄海县，父亲在香港做五金生意。他不喜欢五金，从小爱玩鱼，从初一开始，就一边读书，一边利用每个周末去贩鱼，能挣到几十元钱。1983 年，高中还没毕业，17 岁的他就投身于金鱼行业，在香港一家进口内地金鱼批发到本港市场的公司里工作。因为主要向上海、杭州、福州等地采购金鱼，他常来常往，因而认识了福州市花木公司的汪聿钢先生，结下了深厚的友情，并拜其为师，学习金鱼饲养传统技法。也是在这时候，他发现只懂广州话，在大陆哪里也去不了，因此苦学普通话，成为最早有意识北上淘金的香港人之一。

1986 年 11 月，陈镇平自己注册了东海水族有限公司，来内地采购金鱼，通过香港销往国外，快速拓展了大陆金鱼出口世界各国的贸易。

他回忆道："20世纪80年代初，大陆进出口贸易控制很严，只有香港雷强水族行是中国金鱼出口总代理，但它的金鱼部分的生意规模较小，并且多为普通金鱼。东海却一向专注于精品金鱼。雷强是大企业，经营水族比我大千百倍，但仅金鱼方面我超过它100倍。当年还有一些从中山过去的瓜菜船，会运一些金鱼到香港，但品种很普通，也不影响我的业务。20世纪90年代，我每年出口最高是2万箱，数量相当大。一箱的意思是，大规格的好鱼一两条，或小鱼几百条，最多的时候每年出口量是700万尾。"

听陈镇平回忆，就像回顾香港与大陆的金鱼关系史，很有历史的意味。

他说："20世纪80年代初，大陆民间不能养金鱼的时候，香港的金鱼业相当发达，养殖业者以原籍东莞石排镇、高埗镇的为多，集中在新界的元朗、上水等地，大约有七八十户，都是两口子做，每户两三亩水面，品种不多，也是东莞这边带过去的，有红、黑和红白狮头，鹤顶红，红、红白寿星（虎头），皇冠珍珠等，主要供应本港消费。

"我最初做生意的时候，对金鱼很狂热，到处考察，去上海、杭州、苏州、扬州、南京、北京、天津。只要有人告诉我哪里有人金鱼养得不错，我就赶去找。有次听说天津有位金鱼名家，我就一头钻进了迷宫般的胡同，胡同很破烂，路灯也没有，一家家打听，什么也没找到。那些传说中的大师，大多数时候都是乌龙，早就不养鱼了。那时候民间很少人养金鱼，只有官方的公园在养，全国也只有七八个城市的花木公司有公园鱼场。福州的汪聿钢老师对我很扶持，帮我联系，带我出去找。他是我生命中的贵人。"

改革开放之后，大陆快速变化，民间金鱼养殖开始兴起。东海水族公司也大量采购南京、上海、苏州、北京、福州和东莞的金鱼，供应香港，并销往美国、英国、新加坡、加拿大、日本、马来西亚、印尼和泰国。

陈镇平回忆说："1990 年以前，杭州还有不少人养殖金鱼；南通只养一种短尾五花珍珠；苏州主要养菊花型狮子头，头瘤像菊花，但尾巴弱；南京的红头五花狮头、紫高头养得非常好，还有蓝狮头、红头五花寿星；福州的蝶尾这时进入全盛时期，花式品种最多，但体质纤弱，饲养需细心呵护。

　　"1990 年以后，随着城市化的发展，许多地方金鱼养殖萎缩，另一方面则出现了大规模养殖场，动辄数十亩的水面。广东有名的是东莞和广州的芳村，前者养殖琉金，后者大面积养殖低端鱼；上海闸北区的鱼场萎缩了；杭州一蹶不振；苏州早先屋顶养鱼很普及，后来剩下十来个 10 亩左右的养殖场，产能不行；扬州市郊的农民利用房前屋后高密度养殖，产能很高，可以提供反季节鱼，但都是龙睛、朝天、高头和水泡这类大路货；福州除了蝶尾，还有大量养殖琉金、兰寿。

　　"过去内地很多地方养金鱼技法都很有创意。例如，苏州农户利用平房的屋顶、庭院养鱼，密度高，产量大。南京的特点是天台养鱼，一般是六层楼的天台上，通过天窗上去，20 世纪 80 年代有两三百家，池水都很浅，只有 12~15 厘米。南京人创造了一种'微流水养鱼'法，他们平时要上班，没人照料鱼池，就把水龙头开得很小，一点点滴呀滴，等于在不断换水。这种方法在水产行业很有影响。

　　"2000 年以后，大陆金鱼养殖重新洗牌，一个重大变化是南阳、徐州的产业化金鱼养殖崛起。当一些地区因产业转型、调整，土地资源等问题使得旧有传统鱼场萎缩，河南南阳地区利用土地和人力优势，开发百亩、千亩坑塘养殖金鱼，产量极大，甚至出现了金鱼称重卖的现象。"

让陈镇平尴尬的是，南阳有个镇平县，就与他同名，据说是全国金鱼五大产区之一。"我一直不想去这地方。"他说，"水产与水族是有区别的，金鱼不是解决人类的蛋白质需求，不能称肉卖。"他很希望镇平县的养殖业者加强学习，养殖高素质的金鱼。

陈镇平的最大贡献，是为国内引进了新的金鱼品种和新的养殖方法，同时把中国金鱼向世界各国推广。

他向我讲述东海水族公司培育出的几个新品种：

"首先是短尾型琉金。这是我们带动潮流的。以前，这种鱼是要扔掉的，我们推广出去，影响到整个亚洲，让人们从另一个角度看待金鱼。

"其次是宽尾琉金系列。日本琉金的体型像竖起来的鸡蛋，我觉得颜色很好，但尾巴不好。于是我们杂交出了宽尾系列，也影响到整个亚洲。欧美人士不喜欢短尾，但喜欢宽尾。

"第三是贡献出了水墨系列的金鱼。最早是水墨宽尾琉金、水墨短尾龙睛、水墨短尾兰寿，福州动物园做出了风靡一时的熊猫兰寿。这是我们从中国传统水墨画得来的灵感。

"第四我们创作了三色琉金，获得了全场总冠军鱼王大奖。当时我年轻，给它取了一个日本名字，叫'昭和三色琉金'。我培育三色的灵感来自日本锦鲤的昭和三色。

"第五是虎纹系列。有的地方称为虎皮，觉得比较脏，以前是要扔掉的。我们精心培育出黄黑相间竖纹的虎纹狮头，在国际赛事中屡获大奖，很受欢迎。"

陈镇平从国外引进十几个金鱼品种，最著名的当然是琉金和兰寿。他说："1985 年我把日本兰寿种鱼分别给了香港新界元朗的梁楚平先生和福州的叶其昌先生，后来他们都成功繁殖出来了。而当时的种鱼，在日本还算不上是顶级的。福州的养殖手法与日本大不相同，福州比较重视头瘤，产生了别具风格的福州兰寿。兰寿因此出现了两派：一是日寿，适合俯视；一是福寿，也就是国寿，头肉发达，背的弧度很考究，体侧花纹漂亮，适合放在玻璃鱼缸里侧视。日本人早期不接受，现在也接受了。福州的熊猫金鱼是我带去日本的，他们喜欢得简直疯了。短尾琉金他们也喜欢。我觉得，以前日本养殖业者对来自中国的体形瘦长的金鱼是不太欣赏的，经过近二三十年我国业界人士的努力，日本改变了对中国金鱼的看法。"

最近半个世纪来，在国际舞台上，中日金鱼的势力此消彼长，发生了很大的变化。

据陈镇平估计，1960年到1980年，日本金鱼一花独放，占世界金鱼市场的99%；中国金鱼的比重微不足道。

20世纪80年代，日本金鱼占世界金鱼市场的60%~70%，仍然是主导地位。

20世纪80年代，日本金鱼占世界金鱼市场的比率降到30%，中国占60%以上。

近年来，日本金鱼占世界金鱼市场的比率应该不足3%，但它产值很高，都是精品鱼。中国金鱼约占80%，品种及数量占据主导地位。另外，泰国和马来西亚崛起，粗略估算合占15%左右。

陈镇平的办公室，是一个小型的金鱼文化陈列馆，陶塑、瓷绘、铜雕、木刻、玉雕、剪纸、鼻烟壶、紫砂壶、插图、水墨画、浮世绘、扑克、钥匙扣、风筝、灯笼、挂历、信封、邮票、纪念币、布袋、鞋垫、绣花鞋……古今中外，但凡有关金鱼的图案、工艺品，都陈列在一起。还有十来架金鱼图书、画册，几排东海水族公司获奖的奖杯、奖牌。搜罗之宏富，让人惊讶。我这才意识到，金鱼与我们民族的生活如此密切。

"我是养金鱼的，也是一个热爱金鱼的贸易商，致力于推广中国金鱼文化的事业。"陈镇平说，"我的孩子有次告诉我，他不敢跟同学说爸爸是卖金鱼的。我听了很感慨。社会不了解金鱼。一个产业要有文化，才能被人尊重。我开始收集一切有关于金鱼的文玩和资料，希望让更多人了解金鱼的文化。"

"有几组木雕雕得很好，雕出了琉金、兰寿、狮头等品种的具体特色，非常专业。"我说。

"那是委托艺术家特别创作的。"他说，"我邀请艺术家们来鱼场生活，描绘各个品种，若干年后，或许就成为金鱼历史文化中重要的文物了。但有时艺术创作上我也不要求这么精确，反而还有惊喜的收获。我在丽江遇到一个木雕师傅，我请他雕个金鱼，他说他不熟悉金鱼。我说没关系，你就雕你想象中的金鱼。作品出来后，不大像金鱼，但有纳西族的风格，很有意思。"

我们在二楼阳台的一间茶室里泡茶。南方的雨季来临了，阴雨连绵，田野仿佛浸泡在水里，肿胀成青绿。有时，忽然飘来一阵急雨，豆大的雨点打在玻璃顶棚上，像马群踩过。池塘的水面弹跳着水花，鱼群早已惊散，隐藏到了水底。

"那么，2010 年以来，你觉得国内的金鱼业发生了什么变化？先说北京吧，你有什么感受？"我问道。

他说："北京现在多了一些人养金鱼。30 多年前北京还能看到不少好鱼，但 20 世纪 90 年代就几乎没有了。90 年代末期，黑庄户开始小有规模地养殖低端的草金鱼。但北京在 2000 年以后有批年轻玩家起来了，他们对宫廷金鱼充满敬意，李勇等人着力复兴传统的王字虎和鹅头红，北京的鱼友成立了王字虎保育会，爱鱼者成群结队到花鸟市场，几百元买一条金鱼，形成了一种保育国粹的风气。我很佩服他们。日本

也有鹅头红保育会，但我认为中国的传统金鱼品种，还是由国人来保育更合适。"

"北京人这几年重视回归传统。那么长三角呢？似乎受市场的影响也很大？"

他说："长三角在中低端、中小规格（5~10厘米）方面非常成功。扬州、南通最重要，主要品种是鹤顶红、水泡等。鹤顶红是我从香港新界带到南京和福州的，大约是1985年的时候。福州本来养得很好，近年养殖数量已大大减少了；但江苏一带的鹤顶红却一直养了下去，并且养得很好。长三角的金鱼养殖业，产量很大，在满足千家万户养鱼的需求方面很有贡献，出口主要是走欧美路线。长三角的好鱼是如皋的十二红蝶尾，也有像吴刚那样重视传统金鱼品种的鱼场，但都比较边缘化。"

"闽粤的状况如今怎么样？他们走产业化养殖的道路，但说自己养的是精品金鱼，的确也相当高端。"

他说："我觉得很遗憾，福州像其昌兄这样注重保育传统金鱼品种的业者已不多见了。望天球、紫红高球、紫兰花蝶尾等很多传统品种都是他的佳作，都养得很好。而现在福州很多鱼场，什么挣钱养什么，能做到像其昌兄这样的保育意识的不多。全国各地，在养殖卫生作业规范方面，福州做得最好，例如鱼场规划、投喂饵料、水体质量等，清洗红虫福州人也是洗得最干净的。所以福州的产业化、规模化金鱼养殖模式，很值得推广。

"在经营体制方面，广东用公司模式养殖金鱼做得最好。公司模式也是由香港带进深圳、广州的。在养殖方式上，广东也有创新。北方人原来看不起坑塘鱼，但广东养殖改变了这种情况。广东金鱼的主产地在广州芳村、东莞和清远，许多业者用坑塘养鱼，养出个头很大的精品琉金与狮头。广东气候条件好，金鱼一年可以繁殖两次，春节前的那次与其他地区不同，是反季节鱼苗。珠三角与福州差不多同时起步，福州原来不养大鱼，后来也学广东，养殖大规格金鱼。"

在福州金鱼养殖户里，张文春、李永杰和潘国诚，被人戏称金鱼三巨头。

春园鲤鱼场位于闽侯县南通镇古城村，有条清澈的溪流穿过山谷，名叫十八重溪。溪的上游山中，巨石交叠，山溪潺潺，自古就是福州著名风景区。站在春园，就可以望见连绵的群山拔地而起，耸入云天，山腰终日挂着几片白云。古城村有不少水产养殖户，但是张文春的春园鲤鱼场规模最大，占地70多亩。

"为什么叫鲤鱼场？明明大多数池子都养金鱼，锦鲤只占少数。"我有点疑惑。

"一个朋友做了这牌子，就挂上了。"张文春含含糊糊道。我心下怀疑，他也许想转向改养锦鲤。很多人说，养锦鲤更挣钱。春园的门口，有两个大池子，游动着一群群体型优美色彩绚烂的大条锦鲤，比其他池子娇小的金鱼更夺目。

张文春是古城村人，1972 年出生，贪玩，小学毕业就弃学，十五六岁出外学理发，在福州开店。1994 年改开金鱼店，店就在福州六一路的花鸟市场堤坝上面。那时金鱼的分量还很大，卖热带鱼的不多，但卖鱼的多半摆地摊，张文春敢投入，租下了一个店面。卖金鱼的利润很大。福州当时有三四十家金鱼场，多数是小打小闹，只有两三家规模较大，产品发往国外。那时资讯不发达，经常有外地客人找到店里来，说要批发，但是找不到鱼场。

1998 年，英国海关检出鱼病毒，导致欧盟封锁中国观赏鱼出口。当时张文春还在开金鱼店。他说："我的市场在国内，因为外贸积压，价格低，我去拿鱼挣了便宜。那时有的鱼卖几百元一条。我挣到了第一桶金。2002 年，我回村租了这块地，投资 100 多万元，引十八重溪的溪水建鱼场，开始自己养鱼。福州的金鱼店还在，由妻子打理。"

　　叶其昌插嘴说："这么好的水质，福州再也没有了。养鱼先养水，水最关键。水质好坏会影响鱼的颜色。"

　　张文春说："十八重溪的水，从山上流下来，没有一点污染，可以直接生喝的。叶老师很支持。养鱼要看跟什么人一起养。我们经常从叶老师那里拿鱼，向他请教。"

　　张文春的鱼场占地 70 亩，每亩租金 300 元，租期 30 年，共建造了 1200 多个大小水泥池。每年前期养鱼几十万条，经过不断淘汰，最后剩几万条。品种大约五六十种，国寿约占三

成，还有三色狮头（长尾、短尾）、皇冠珍珠、五花宽尾琉金、宽尾鹤顶红和熊猫蝶尾等。鱼场雇工十几人，挑鱼苗时还要增加十几人。每年产值约五六百万元，国内国外市场各占一半。福州的鱼胖、粗、大，东南亚人最喜欢，境外主要销往新加坡、日本、马来西亚、泰国、印尼、香港、台湾等国家和地区；国内销往广州、北京、上海、石家庄、青岛等大城市，每个城市只做一家金鱼店，由他们来福州进货。

"金鱼每一头都不一样。"张文春道，"一个星期淘汰一次，要及时处理掉，腾出池子。水泥池成本高，很宝贵。一个 16 平方米的池子，一年要占用七八百元的资金。"

叶其昌说："养金鱼一定要用水泥池。福州这边做得很规范，我们是精养。"

张文春说："北方都是土塘养，很粗放。广东土塘也多。河南的亩产按吨算，我们比不了。我们的鱼按尺寸算，5 厘米，还是 12 厘米，一条一条卖。福州什么鱼都可以养得很好，但福州的鱼到外地，不一定养得好。"

"一条鱼的观赏期有多长？"我问。

叶其昌说："书上记载可以 8 到 10 年，但现在实际上做不到。第一年催得太厉害，鱼很快就达到生命的巅峰，最佳观赏期不超过三年。北方的鱼长得慢，观赏期更长。"

曲利明刚做完一套《中国鸟类图鉴》，在鱼场附近转了转，说，"你这里好多种鸟。你做了防鸟网，它们经常偷吃你的鱼吗？"

"吃呀，给它们气死了。"张文春诉苦道。他与鸟类摄影家曲利明、鸟类图书编辑陈婧找到了共同话语，三个人兴奋地讨论了半天鸟的品种，最后得出结论：鱼场附近有白嘴鸭、灰胸竹鸡、水红尾鸲、绣眼、山鹧鸪、小白鹭、苍鹭、夜鹭、翠鸟等 20 多种鸟类。张文春说："除了鸟，还有蛇、鼠、猫都是金鱼的天敌。"

"猫不游泳，怎么吃池里的鱼呢？我想不通。

他说："猫很有耐性。像我们钓鱼一样等，鱼游到池边，它猛然用两个前爪抓住，把鱼抱上来，吃掉半头。有时还会把鱼带回家，喂小猫。"

创办鱼场是很辛苦的事。回顾过去，张文春细说其中的艰辛：

"我是 2002 年办鱼场的，鱼苗从叶其昌、李永杰等人的鱼场买一些。品种要好，3 月前要买种鱼。每个品种的种鱼要买二三十对，我买了二三十个品种。种鱼价格高，最贵的五六百元一条，一般的也要五六十元一条，差不多一百元一对。3 月份繁殖，一窝打出来都有一万多尾。后来我再补充和开发了一些品种。

"2005 年碰上'龙王'台风，洪水淹没了鱼场，什么都冲光了，没有剩下一条鱼，塘底全是厚厚的泥沙。我花了几万元请人挖泥，清理鱼塘，重新购买种鱼。我损失了百来万元。

"养鱼是这样的：一头鱼平均寿命三五年，3 月份繁殖产子，6 月中旬开始卖鱼苗，可以一直卖，10 月份的鱼苗最漂亮。第二年，这些鱼又可以当种鱼繁殖，公鱼是两年的好，母鱼是当年的好。种鱼是 9 月份开始挑选，是鱼中精华，不卖。

种鱼留 100 多头，约五六十对，可养到两年。有些鱼两年后就开始衰退了；有些鱼现在不起眼，后来会变出好颜色。如果你没看出鱼的潜力，都卖光了，就很遗憾。一般来说，蝶尾、寿、琉金三年还很漂亮，鹤顶红两年就开始衰老。无论如何，鱼的身材三年后都会衰退。我们每年要买些国外的种鱼回来杂交，获得杂交优势。至于鱼价，我的熊猫蝶尾最高卖过七八千元一条，较好的价是三五千元，当年鱼百来元也可以卖。

　　"养鱼最麻烦的是鱼子出来后找开口料，要活的水蚤；连续吃上十几天后，才可以吃死水蚤；再过 20 多天后天气暖和，可以吃开口饲料（鱼粉、面粉）；然后吃细红虫。一般出苗后一个月吃红虫，要洗干净。

　　"水蚤是鱼的命根子，只有比较肮脏的内河里（工业污染不行）有，养鸭场、养猪场附近的池塘也有。水蚤有季节性，三四月最多，正好是金鱼出苗的时候。捞水蚤的时候，工人每天早上两三点起床，因为太阳出来水蚤就散了，或被其他人捞光了。一个工人可以捞几十斤到上百斤。

　　"鱼苗两三厘米时，可以吃小红虫、饲料。红虫又叫水蚯蚓，内河也有，早上七八点捞。也有人专门在养，把猪粪散在田里养，送过来鱼场，每斤五六元。鳗鱼也吃红虫。五六月份比较贵，一斤 6 元，七八月份 4 元左右。饲料就自己配置。

　　"选鱼也是很麻烦的事，4 月多就开始。第一次是选尾巴，没有四尾的都不要。过了十几天选第二次，还是选尾巴，看有折没折，长短。这时每条鱼只有一两厘米长，放在碗里选。

再过半个月第三次选，看不同的鱼，五花选色，兰寿选背，太直不行。这时已是 5 月份，有的鱼开始变颜色。再过半个月，开始第四次选鱼，一口池原来有万把头，这时只剩三五百只，还是选体型和色彩。这时候要开始做计划，什么鱼该养三百，什么鱼该养五百。一般在 5 月中旬至 6 月，就要进行第五次选鱼，这时鱼长到 4 至 6 厘米，开始卖淘汰的鱼。

"我们最麻烦的就是 3 月到 5 月。选鱼考验你的眼力，有经验的师傅选鱼，选三遍比你选四遍还好。每条鱼都不同。

"到了 9 月份是选种鱼，每种鱼保留五六十对就够。要留 30% 的鱼池养隔年的鱼。

"挑种鱼要做计划。什么鱼留多少？什么鱼和什么鱼杂交，会变成什么鱼？几个师傅坐下来讨论。鱼的色彩和体型会不断变化，很神奇，有的鱼要看两三年。小鱼场受不了，我们会坚持三年。我们每年都会拿几种鱼试验，每年都会去省外买三五百对种鱼来跟自己的鱼杂交，一般是同种类鱼杂交，避免近亲繁殖。福州市有个交流平台，每年 10 月份在海峡会展中心举办的渔业周，全国各重要城市的金鱼场都会来，展出最好的金鱼，能够开阔眼界，交流促进。"

就连渔场的选址建设，也耗费了张文春不少心血："建一个鱼场，需要考虑土地、水泥池、设施（抽水泵、氧气、循环过滤、生物过滤、进水排水等），等等。一亩投资 20 万元，阳光房要30 多万元。养金鱼最怕雨水，因为空气污染，现在的雨水都是酸性水，建阳光房可以挡雨。我这里的溪水特别好，人可以饮用，我们用水泵抽，每吨一角钱。金鱼是高耗水行业，冬天半个月换一次水，夏天五六天换水，高温期我们每小时要用水 100 多吨。"

关于运输，张义春说："金鱼的运输问题基本解决了。通常提早两三天，就把它放在清水中暂养、停食、排便、吊水。发货时，先把金鱼装在打氧袋的水里，装进泡沫箱，再装入塑料袋，最后放进纸箱，四层包装，万无一失。空运到国外，坚持 30 多个小时没问题。"

福州市名城汇花鸟市场坐落在闽江边，我去得较早，店铺正陆陆续续开门。门口左侧第一间是潘国诚的潘墩水族，面积很大，两层。趁他整理店铺的时候，我随意转了转，除了水族扎堆，附近还有珠宝、玉石、根雕、紫砂壶、钓具、红木家具、宠物用品等商铺。水族里面，形态怪异、色彩绚丽的热带鱼专卖店特别醒目；三四家以金鱼为主的店铺，也兼售卖热带鱼。就连潘墩水族，也兼做热带鱼、生态鱼缸、钓具的生意。

潘墩是潘国诚老家的村名。潘国诚 1972 年出生于福州仓山区潘墩村，高中学历。潘家养金鱼似乎有传统。他有个叔叔潘思纲，1963 年生人，20 世纪 80 年代就开始养金鱼，先在楼顶养、宅基地养，第一轮分土地时，又租别人的责任田十几亩养，与王良宏一样，是福州改革开放后第一代养金鱼的人。小时候，潘国诚寒暑假常去叔叔的金鱼场帮忙，挣点零花钱，也对金鱼产生了感情。

高中毕业后，潘国诚搞了三年装修，1995年叔叔的鱼场扩大规模，拉他投资。潘国诚从4个叔叔那里，各借了5000元入伙，第一年建了80多口水泥池（每口12平方米），第一年就收回了成本，第二年就开始雇小工，逐年扩大规模。如今，潘氏观赏鱼养殖基地面积近80亩，分为两处，一处在闽侯县荆溪镇关中村，50亩；一处在闽侯县南屿镇五都村（旗山附近），30亩。

潘墩水族店是1997年开张的，最初在六一路花鸟市场，一间店面，卖金鱼和热带鱼。2005年搬到鳌峰洲三桥，500平方的店面，发展了10年。2015年，鳌峰洲花鸟市场关闭，盘墩水族一分为二，一个搬去国艺花鸟市场，一个搬到名城汇花鸟市场，共1000多平方米。

　　潘国诚的事业相当顺利，稳步扩张，没有大灾大难。让李永杰险些跳楼的 1998 年的欧盟观赏鱼禁运，对潘国诚影响不大，他当时主要做国内市场；让张文春倾家荡产的 2005 年"龙王"台风发生时，他的鱼场还在平原地区，得以躲过。但他现在的两个鱼场，都搬到山边的风景区里，引用溪水养殖。他说："自来水用不起，一吨 3 元多，太贵了。溪水最好，矿物质丰富，金鱼健康，颜色漂亮。"

　　潘国诚早期养殖金鱼，多为鹤顶红、珍珠、蝶尾、狮头等传统品种，内销很受欢迎，2005 年后国内兰寿热兴起，他才开始大养兰寿，他的闽侯鱼场，2008 年兰寿产量占 80% 以上，销往国内外。他说："兰寿主要是东南亚国家的人喜欢。城市里大家都用玻璃鱼缸养鱼，日本兰寿只能俯视，侧视不好看；福州兰寿既可俯视，又可侧视，比日本兰寿更受欢迎。兰寿价位高，中国人开始也不能接受，后来受港澳台影响，生活水平也提高了，才开始形成热潮。"

　　我问："兰寿为什么价位高？养兰寿特别难吗？"

　　"这是因为兰寿标准高，正品率低。"潘国诚说，"兰寿对头瘤、背脊、尾巴、尾筒、游姿等等，都有很严格的标准，不合格就淘汰。100 条里面，可能一条合格的都没有；其他传统品种的标准没有这么严，100 条里可能有 50 条正品。"

　　我还是没有概念，又问："说个大概率吧，你一池子兰寿，最后能挑选多少出来？其他品种能出多少？"

　　他说："一口池子，12 平方米，通常养 5000 至 10000 尾鱼苗，兰寿能出 10~20 条。如果是狮头、蝶尾和琉金等品种，一池 5000 至 10000 尾鱼苗，正品 50~1000 条。"

我说："所以养传统金鱼比较稳妥、可靠，养兰寿风险大、利润高。"

他说："你想一百万的鱼苗，正品可能不到 1000 条，小鱼场就没办法养兰寿，只有大鱼场才能出量，出精品。你在家里培育传统品种可以，但没办法培育兰寿，只好去鱼场买成品鱼。所以鱼场养兰寿最合算。北京人都要千里迢迢来福州买兰寿。福州所有鱼场至少三分之一的池子都在养兰寿。鱼养到两岁，其他鱼顶多卖儿百元，但兰寿可能开万元都有人要。做兰寿 10 亩地，比做其他鱼 50 亩地还要赚钱。"

"广东的气候更好，为什么他们不做兰寿，做琉金呢？"

"兰寿挣钱，但风险大，麻烦也多。"他说，"广东人嫌麻烦，用大池养好养的鱼。琉金基本不用挑，挑个两三次而已。兰寿要挑五六次，还要使用大小不同的池子，先养型，再换池子养大来。兰寿一定要精养，体型坏了，骨架大了，就收不回去。广东人用坑塘养，是粗养，只能养琉金。江浙地区气候冷，生长期短了几个月，养兰寿不合算。"

"兰寿的观赏期有多久？"

"兰寿可养七八年。当年的寿放在鱼缸里，可以观赏三五年，传统鱼类也可以观赏三五年，但看上去就觉得老。顶红头瘤大，是个累赘，容易老；兰寿光溜溜的，肌肉发达，不容易衰老。"

因为看好兰寿，潘国诚的鱼场投入了很大精力改良兰寿的头型、背部和尾鳍，先后培育出元宝寿（个头粗壮、尾巴短小、头瘤发达，酷似元宝）、黑白花寿、奶牛花寿，今年又推出了紫兰花元宝寿。2010 年和 2011 年，在北京举办的全国金鱼锦鲤大赛中，潘国诚送展的金鱼蝉联两届"兰寿金鱼"组冠军，其他比赛中，更是获奖无数。

话题回到鱼店。潘国诚说："在观赏鱼中，金鱼销售量最大，但价钱便宜，产值大约只占五分之一。在他的店里，兰寿约占金鱼销售量的 30%，其他金鱼占 70%。如果在外地的金鱼店，兰寿可能占 70%，其他占 30%。外地不产兰寿，瞧着稀奇，总觉得好。"

潘国诚的金鱼，早期主要销往香港、台湾、日本和马来西亚等地，渐渐地，国内市场的规模和价格，都超过了境外，集中在北京、上海、广州和大连这 4 座城市。

金鱼养殖最大的麻烦是什么？潘国诚的回答有些不同。他说："我养鱼不辛苦，配套好，按产业化的规范做，招工人也容易。比如，水蚤我自己养——全福州的鱼场，就我一家自己养水蚤；红虫有专业公司送来；选鱼也很轻松。福州很多是夫妻鱼场或家族鱼场，什么都自己做，很辛苦。养鱼对我来说是乐趣，是享受生活，但我的员工达不到这境界，要考虑他们的感受，所以我尽力创造条件，完善设施，让员工干得轻松，上下班正常。为了做好配套，就要加大投入，幸好这些年地方政府对鱼场增加了补贴。我觉得最大的麻烦是病虫害难以控制，有些鱼特别容易生病，可能是基因的问题。鱼就像婴儿一样，它难受也不会讲，你要关心它，才能了解它。就算我们能养好鱼，但是我们无法确保顾客也能养好鱼。这是金鱼发展的最大瓶颈。"

谈到其他地区的金鱼养殖，潘国诚说："北京主要是所谓的'宫廷金鱼'，王字虎、宫鹅和丹凤，都很有特色，他们养在四合院里，是文人墨客玩。江浙的传统金鱼，比如蝶尾、鹤顶红、狮头、珍珠、龙睛等，原先福州人也玩，但现在鱼场不大养了。杭州没有人养鱼，南京的鱼场也少，扬州、徐州的养殖基地比较多。广东清远主要养锦鲤，金鱼只有琉金、狮头等少数品种。福建、广东的金鱼主要是生意人在玩，喜欢个大、圆润、喜庆，与北方的金鱼差别较大。"

虽然福州、广州都有很久的金鱼养殖史，但闽粤崛起为主产区，对中国金鱼产生重大影响，不过40年的时间。闽粤地处边陲，外贸发达，最先感受异域文化的冲击，由于引进日本金鱼品种和养殖方法，迎合东南亚市场风尚，闽粤地区的金鱼文化发生嬗变，独树一帜，建立了迥异于传统的金鱼新美学。

在走访金鱼各产区的过程中，我向业者和玩家广泛请教，试图描绘出当今中国金鱼的地域美学风格。这工作很容易引发争议，但对于金鱼文化的建构又十分重要，勉为其难，我最后在这里综合多方意见，进行一个初步概括：

如果说北京金鱼注重头型，强调威仪、尊贵和皇家气派；那么江南金鱼就偏重尾型，强调优雅、飘逸和文人气质；闽粤金鱼则偏重体型，主要表达雄健、壮丽的美学和世俗的商业精神。三者互补，各有千秋，共同构成当今中国金鱼文化的三大支柱。

1. 这是一本金鱼文化入门书。我的目的很简单，即使你对金鱼一无所知，也能轻松读完此书，从而对金鱼的历史、文化、现状有一个基本了解；我的目的又很困难，希望本书对专业人士也有所助益，因此，尽可能提供最新的金鱼分布版图、独特的观察视角和异彩纷呈的观点。

2. 书中价值最高的是"大玩家"章节。我前往福州、北京、南京、上海、东莞等金鱼产地，采访李振德、李勇、黄宏宇（天山雪）、林海、张达、鲍华、曹峰、田宝仲、何为、吴刚、叶其昌、李永杰、张文春、潘国诚、陈镇平等金鱼界顶尖人物。他们的思考，就是今天金鱼界的思想。如同散点透视，这些涉及金鱼生产、销售、消费和研究的大腕们组成的多重视角，生动地描绘出一幅中国金鱼最新的地理分布、品系演变和产业状况的全景图卷。你很难有机会同时与这么多名家会晤，感受如此强大的信息和观点冲击。

3. 书中最具新意的是"审美"章节。我试图从一个全新的角度——金鱼作为雕塑基因的物种艺术——重新解读金鱼文化。我阐释"造物三原则"如何影响历代养鱼人，让金鱼最终演变为一个中国物种；我讲述那些培育新种的名家——基因艺术家——的故事，探讨金鱼的艺术本质和特性。此前很少人讨论这些问题，我被迫在晦暗中独自摸索和思考。我相信，无论是否赞同，对于读者都有启发意义。

4.在"造物"部分，我介绍了金鱼的基本知识，包括金鱼的家化历史、遗传变异和分类系统。这是任何一本金鱼书的必备内容。为了让阅读更加轻松，我采用了一种比较个性化的叙事；同样，我把"蝶与寿"的故事放在开篇，也是为了让读者容易进入本书。

5.我很重视引文规范。本书参考和引用了大量论文和专著，但我不喜欢脚注或尾注，全部以夹注的方式散入文中。这是个人写作习惯。阅读的时候，你会发现，重要引文总是有出处的。

6.从2015年12月底开始采访，至2016年8月初，这部书稿耗费了我八个月的心血。如此短的时间，我当然不敢自诩了解金鱼。我首先是一位媒体记者，偶然进入这个领域，广泛采访，报道所见所闻；其次我是一位作家和艺评家，对金鱼的人文和艺术方面进行了比较深入的思考，与读者分享。其中错误难免，望方家指正。

萧春雷

2016年8月3日于厦门翔安